めっちゃ使える！機械便利帳

すぐに調べる設計者の宝物

山田 学 編著
Yamada Manabu

日刊工業新聞社

~Lab Notes　Contents~

Chapter 1
設計の基礎 …………………………3
- ISO9000 ……………………………4
- ISO14000 …………………………6
- RoHS指令 …………………………7
- ISO12100 …………………………8
- 機能安全（IEC61508）………9
- QC7つ道具 ………………………10
- 新QC7つ道具 ……………………11
- FMEA ………………………………12
- FTA …………………………………13
- 信頼性用語 ………………………14
- アイデア発想技法 ………………16
- 国際単位系（SI）………………18
- Kgf-N換算表 ……………………20
- inch-mm換算表…………………22
- 温度℃-F換算表 …………………24
- 硬さ試験 …………………………26
- 硬度換算表 ………………………27
- 10進数・16進数・2進数変換表
  ………………………………………28

Chapter 2
数学の基礎 …………………………31
- 因数分解の基本 …………………32
- 2次関数の基本 …………………33
- 平方根・立方根の基本計算 ……34
- 三角関数の基礎 …………………36
- 正弦定理 …………………………37
- 指数関数 …………………………38
- 対数関数 …………………………39
- 自然対数 …………………………40
- 平面幾何 …………………………42
- 論理演算 …………………………44

Chapter 3
電気の基礎 …………………………47
- オームの法則 ……………………48
- 直流回路の計算 …………………49
- 電気抵抗 …………………………50
- フレミングの法則 ………………51
- 静電気と帯電列 …………………52

Chapter 4
力学の基礎 …………………………53
- 力のつりあい ……………………54
- 物体の運動 ………………………55
- 円運動 ……………………………56
- 引張り応力・圧縮応力・せん断応力
  ………………………………………57
- 曲げモーメント …………………58
- 断面二次モーメント・断面係数 60
- 軸のたわみ量とたわみ角 ………64

Chapter 5
機械製図の基礎 ……………………65
- 図面の大きさ・尺度 ……………66
- 断面図にしないもの ……………67
- 幾何公差の種類 …………………68
- 二乗平均による公差解析 ………69
- センター穴 ………………………70
- 電気めっきを表す記号 …………71
- 加工記号 …………………………72
- 溶接記号 …………………………74

普通許容差 …………………92
穴の公差域クラス …………94
軸の公差域クラス …………96

Chapter 6
材料の基礎 …………………99
JIS鉄鋼材料記号 ……………100
JIS非鉄金属材料記号 ………104
非鉄金属の種類・特性 ………106
アルミ合金の物性 ……………108
プラスチック材料の物性 ……109
CAEで使える材料物性 ………110
主な金属の線膨張係数 ………111
摩擦係数 ………………………112
樹脂材料の表記 ………………113
加工品の表面粗さ目安 ………114

Chapter 7
機械要素の基礎 ……………115
ねじの表記 ……………………116
メートル並目ねじ・細目ねじ規格表 …………………………117
ユニファイ並目ねじ・細目ねじ規格表 …………………………118
追加工に使えるねじの下穴径 119
十字穴付きなべ小ねじの呼び長さ …………………………120
皿小ねじの呼び長さ …………121
六角穴付き止めねじの呼び長さ …………………………122
六角穴付きボルトの呼び長さ 123
六角ボルトの呼び長さ ………124
六角ナット・六角低ナットの高さと二面幅 …………………………125

ばね座金の内径d・厚みt・外径D …………………………126
平座金一般用の内径d・厚みt・外径D ……………………………127
C型止め輪（穴寸法公差）…128
C型止め輪（軸寸法公差）…129
E型止め輪（軸寸法公差）…130
平行ピンの寸法 ………………132
スプリングピンの寸法 ………133
キー溝の寸法 …………………134
Oリングの注意点と表面粗さ…136
軸受のはめあい選定基準 ……138
転がり軸受のはめあいと温度変化 …………………………139
軸受の荷重配分 ………………140
転がり軸受の寿命 ……………141
平歯車・はすば歯車の基本公式 …………………………142
歯車のバックラッシ …………143
コイルばね設計上の注意 ……144
コイルばねの基本公式 ………145
コイルバネの固有振動数 ……146
主な表面処理法の原理と特徴 147

Chapter 8
海外対応の基礎 ……………149
ヨーロッパの地図 ……………150
北米の地図 ……………………151
アジアの地図 …………………152
世界の時差 ……………………153
英語表現の基本 ………………154

＜付録＞メモ帳（方眼紙）……157

Chapter 1

設計の基礎

- ISO9000
- ISO14000
- RoHS指令
- ISO12100
- 機能安全（IEC61508）
- QC7つ道具
- 新QC7つ道具
- FMEA
- FTA
- 信頼性用語
- アイデア発想技法
- 国際単位系（SI）
- Kgf-N換算表
- inch-mm換算表
- 温度℃-F換算表
- 硬さ試験
- 硬度換算表
- 10進数・16進数・2進数変換表

ISO9001

> ISO 9000シリーズとは、「ISO (International Organization for Standardization：国際標準化機構）で制定した品質マネジメントシステムの国際規格」を指す。
>
> つまり、供給者の品質システムが、購入者が満足する製品、サービスを提供できる能力を維持しているか確認するためのものである。経済のグローバル化が進む中、国や組織（企業等）によって品質保証の考え方が異なり、モノやサービスの自由な流通を妨げることを防ぐためISO9000シリーズが制定された。

「ISO 9000」と「ISO 9004」は指針（ガイドライン）であるため、強制的な要求事項ではない。「ISO 9001」と「ISO 9002」、「ISO 9003」の3つの規格が強制的な要求事項になっている。

このなかでも、**「ISO 9001」は設計・開発・製造・据え付け及び付帯サービスを含む全ての生産段階で要求事項に適合していることを供給者が保障するもの**で、20項目の要求事項を満たすことを要求している。

「ISO 9001」に規定されている、基本要素が4つある。
　①システム化
　②文書化
　③文書どおりの実行
　④記録

どのような品質システムにするか、どのような管理体制にするかを明確にし、どうすればISOの要求事項を満足できるかという観点を検討しなければいけない。

ISO 9000の認証取得とは、第三者機関である審査登録機関が審査し、合格・登録して初めて証明される。

我が社の**品質方針**（あなたの会社の品質方針をご記入下さい）

このページに、あなたの会社の品質保証体系図を縮小して貼付ください。

ISO 14000

> ISO 14000シリーズとは、「国際標準化機構（ISO）で制定した環境マネジメントに関する一連の国際規格」を指す。
> これらの中核をなす規格が「ISO 14001（環境マネジメントシステム）」である。

「ISO 14000」には、企業活動、製品及びサービスの環境負荷の低減といった環境パフォーマンスの改善を実施する仕組みが継続的に改善されるシステム「環境マネジメントシステム（EMS）」を構築するための要求事項が規定されている。
具体的に組織の最高経営層が環境方針を立て、
　　その実現のために計画（Plan）
　　それを実施・運用し（Do）
　　その結果を点検・是正（Check）
　　不具合があった場合、それを見直し再度計画を立てる（Action）
というPDCAサイクルシステムを構築し、このシステムを継続的に実施することによって、環境負荷の低減や事故の未然防止が行われるものである。

我が社の**環境方針**（あなたの会社の環境方針をご記入下さい）

RoHS指令

> RoHS(Restriction of the Use of Certain Hazardous Substances in Electrical and Electronic Equipment)指令とは、EU全域で2006年7月に施行され、電気電子機器を対象に6つの有害物質の使用を規制するものである。
> 　生産から廃棄・処分にいたる製品のライフサイクルにおいて、環境負荷や人の健康に害を及ぼす危険を最小化することを目的とする。
> 「電気電子機器に含まれる特定有害物質の使用制限に関する指令」と和訳される。

RoHS要求事項
　　使用禁止物質
　　　　欧州連合指令は、2006年7月1日以降、新規に市場に売り出す電気及び電子製品に対し、以下の物質の使用を禁止する：

- **鉛（Pb）**
- **水銀（Hg）**
- **カドミウム（Cd）**
- **六価クロム**
- **ポリ臭化ビフェニール（PBB）**
- **ポリ臭化ジフェニルエーテル（PBDE）**

規制の対象製品
　技術的に代替原料を導入することが、現時点で不可能な製品については、一部除外されることになっているが、おおよその対象製品は下記の通りである。

- 大型家電製品（冷蔵庫、洗濯機、電子レンジ等）
- 小型家電製品（アイロン、掃除機、ドライヤー等）
- ＩＴ・通信関連機器（パソコン、プリンタ、電話等）
- ＡＶ機器（テレビ、ラジオ等）
- 照明関連機器（蛍光灯等）
- 電動工具（電気ドリル等）
- おもちゃ（ゲーム機等）
- 自動販売機

ISO 12100

> ISO 12100シリーズとは、「国際標準化機構（ISO）で制定した機械類の安全性を確保するための一連の国際規格」を指す。
> 「基本用語、方法論」「技術原則」の２つの規格からなる。

ISO12100は、**リスクアセスメントに基づき、次の優先順位によって、下記のリスクを低減し、安全性を確定することを要求している。**
①設計（安全確認型安全設計）によるリスクの低減
②安全防護
③使用上の情報

ISO12100が規定する危険源は以下の８つがある。
1. 機械的な危険…押しつぶし、切断、巻き込み、衝撃、裂傷など、機械又は機械の一部により発生する危険性
2. 電気的な危険…誘導部への接触、静電気、落雷など、感電による危険性
3. 熱的な危険…高温部への接触、高温又は低温環境下での作業などの危険性
4. 騒音による危険…聴力喪失、耳鳴り、平衡感覚の喪失などの危険性
5. 振動による危険…血行障害、神経障害、関節障害などの危険性
6. 放射線による危険…X線、低周波、無線、マイクロ波、紫外線などの危険性
7. 有害化学物質による危険…有害物質の吸引、爆発などの危険性
8. 人間工学無視による危険…不自然な姿勢などによる生理学的影響などの危険性

我が社の**安全方針**（あなたの会社の安全方針をご記入下さい）

機能安全 (IEC61508)

> 機能安全とは、電気・電子・プログラマブル電子安全関連系を用いて危険源を制御することにより確保される安全をいう。本質安全と対比する用語で、安全関連系を組み合わせてリスクを許容範囲まで低減することにより、システム全体の安全を達成するという考え方である。

従来の電気・機械式リレー回路を用いた安全装置とは別に、**コンピュータを用いたプログラマブル電子系(ソフトウェア)も安全機能として実現させるものである。**
IEC61508でいう機器の故障は、ランダムハードウェア故障と系統的故障に大別される。

- **ランダムハードウェア故障**
  ⇒部品の劣化による故障である。故障確率により定量的に規定される。

- **系統的故障**
  ⇒安全ライフサイクルに基づいた手順と文書化、ソフトウェアの設計・検証において、V Modelに基づく手順と文書化により、定性的に規定している。

上記に基づき、システム全体として安全性インテグリティレベル(SIL:Safety Integrity Level)を求めて安全性能の尺度とする。SIL 1～4の4段階があり、SILが1段高くなると、作動要求失敗確率は1桁上がり、リスクが軽減されることになる。

SIL	低頻度作動要求モード運用(注1)	高頻度作動要求又は連続モード運用(注2)
4	10^{-5} 以上 10^{-4} 未満	10^{-9} 以上 10^{-8} 未満
3	10^{-4} 以上 10^{-3} 未満	10^{-8} 以上 10^{-7} 未満
2	10^{-3} 以上 10^{-2} 未満	10^{-7} 以上 10^{-6} 未満
1	10^{-2} 以上 10^{-1} 未満	10^{-6} 以上 10^{-5} 未満

注1 作動要求あたりの設計上の機能失敗確率
注2 単位時間あたりの危険側失敗確率 (1/時間)

CASS (Conformity Assessment of Safety related System) 認証
機能安全の認証タイプには5つの認証タイプがある。
「タイプ1」…部品評価　　　　　　部品供給会社
「タイプ2a」…総合システム評価　　エンジニアリング・システム統合会社
「タイプ2b」…サブシステム評価　　サブシステム供給会社
「タイプ3」…安全要求評価　　　　運用会社
「タイプ4」…運用保守評価　　　　運用会社

QC7つ道具（Q7）

> QC7つ道具とは、製品やサービスの品質管理（QC）において、データの整理や分析に使われる下表の7つの手法をいう。主に製造部門が主体となって活動するために、定量的データを統計的に分析するときに用いる。

名称	説明	図
パレート図	項目別に層別にして、出現頻度を大きさの順に並べるとともに、累積和を示した図	
ヒストグラム	計量特性の度数分布のグラフ表示の一つ、測定値の存在する範囲をいくつかの区間に分けた場合、各区間を底辺とし、その区間に属する測定値の度数に比例する面積をもつ長方形を並べた図	
管理図	連続した観測値もしくは群のある統計量の値を、通常は時間順またはサンプル番号順に打点した、上側管理限界点線及び／又は、下側管理限界線をもつ図	
散布図	二つの特性を横軸と縦軸とし、観測点を打点して作るグラフ表示	
特性要因図	特定の結果と原因系の関係を系統的に表した図 通称「魚の骨」とも呼ばれる	
チェックシート	予め、項目を記入しておき、工場・現場や事務所でチェックしていく一覧表	
グラフ	普通のグラフ、棒グラフ、折れ線グラフ、円グラフやレーダーチャートなど	

新QC7つ道具（N7）

新QC7つ道具とは、製品やサービスの品質管理（QC）において、データの整理や分析に使われる下表の7つの手法のことをいい、従来のQC手法を新しくまとめたものを"新QC7つ道具"という。従来のQC7つ道具は主として数値で得られる数値データの処理を対象としており、営業など事務部門で使えるよう、数値だけではなく言語で表すデータをうまく整理でき、精度の高い情報として取り出せる手法として新QC7つ道具が作られた。

親和図法	バラバラな情報を整理し、問題点を確定させるための手法	
連関図法	原因ー結果、目的ー手段の関係を論理的に解き、問題の原因を探る手法	
系統図法	問題解決の阻害要因を解決するための最適手段を決める	
マトリックス図法	系統図によって展開された方策の重み付けや役割分担を明確にし、多くの現象相互の関係を整理する	
マトリックスデータ解析法	マトリックス図法の交点に数値データが得られないときの解析法	
アロー・ダイヤグラム法	計画推進のための最適日程を決める段階で、手順の確認と効率化を図る手法	
PDPC（Process Decision Program Chart）	解決への情報が不足している場合や事態が流動的で予測が困難な場合の対応計画	

FMEA（故障モード影響解析：Failure Mode and Effects Analysis）

> 設計構想段階で、「起こる可能性のある品質問題を事前に予測して、不具合を未然に防止する事前管理の手法」のことをいう。故障モードの発生頻度・影響度・検出難易度などの評価項目と評価基準に基づき重要度を明らかにし、設計段階で使用時に発生する問題を明らかにして解決する手法である。

解析を行う場合、下記のようなワークシートに必要事項を記入する。

【FMEA表の作成手順】
1) 対象となるシステムに対して部品や構成要素を調べ、対象を決定する。
2) 対象部品の考えられる故障モードを推定し、その発生原因を調べる。
3) 故障が発生した場合の装置（システム）の損害度を評価する。
4) 故障の確率を推定し、システムの損害度の結果と総合判断した危険優先度（RPN）を求める。
5) 危険優先度に従い設計上の改善・施策を検討する。

不具合発生前に、不具合を予測するためのツール

FTA（故障の木解析：Fault Tree Analysis）

FTAとは、信頼性や安全性の視点で発生して欲しくない不具合（動作不良やシステムダウン、エラーなど）に対して、"なぜそれが発生するのか？"可能性のある要因を洗い出して、論理記号を用いて発生確率の高いものを選び出し原因を究明する手法をいう。

事象の因果関係をANDとORゲートの論理ゲートの記号を用いて、樹形図として表し、トップ事象発生に至るメカニズムをボトムアップの視点からも明確にし、事故発生のシナリオを描き危機管理の検討にも活用する。

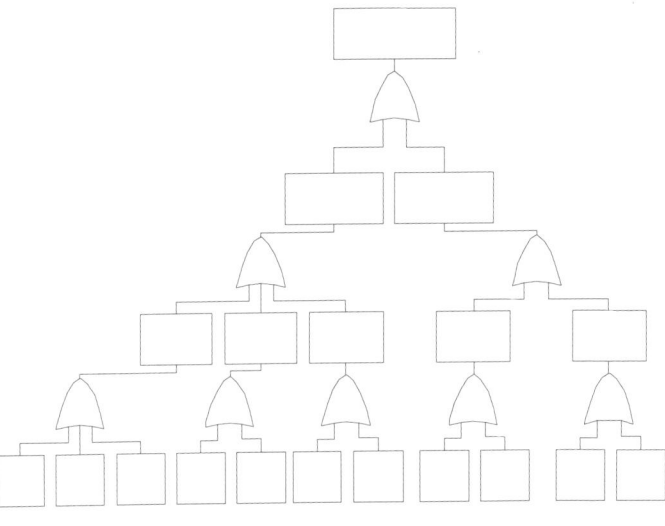

不具合発生後に、不具合発生の原因を究明するためのツール

信頼性用語(Glossary of Terms Used in Reliability)

> 信頼性とは、アイテムが与えられた条件で規定の期間中、要求された機能を果たすことができる性質である。

MTBF (Mean Time between Failures) ※修理をすることで繰り返し使用できる製品に適用する。	装置機器の修理系の平均故障間隔のこと。 $$MTBF = \frac{t_1+t_2+t_3+\cdots\cdots+t_r}{r} \text{ [時間]}$$ MTBF：平均故障間隔 　　t_i：各故障発生までの稼働時間 　　r：故障発生数
MTTF (Mean Time to Failure) ※電球のように、故障したら廃棄するような製品に適用する。	部品等の非修理系の平均故障時間のこと。 $$MTTF = \frac{t_1+t_2+t_3+\cdots\cdots+t_r}{r} \text{ [時間]}$$ MTTF：平均故障間隔 　　t_i：各故障発生までの稼働時間 　　r：故障発生数
MTTR (Mean Time to Repair)	システムの修復にかかる時間の平均値 $$MTTR = \frac{修理時間の和}{故障回数} \text{ [時間]}$$
寿命特性曲線 (バスタブカーブ)	システムの故障率が、時間経過と共にどう変化するかを表したグラフ。

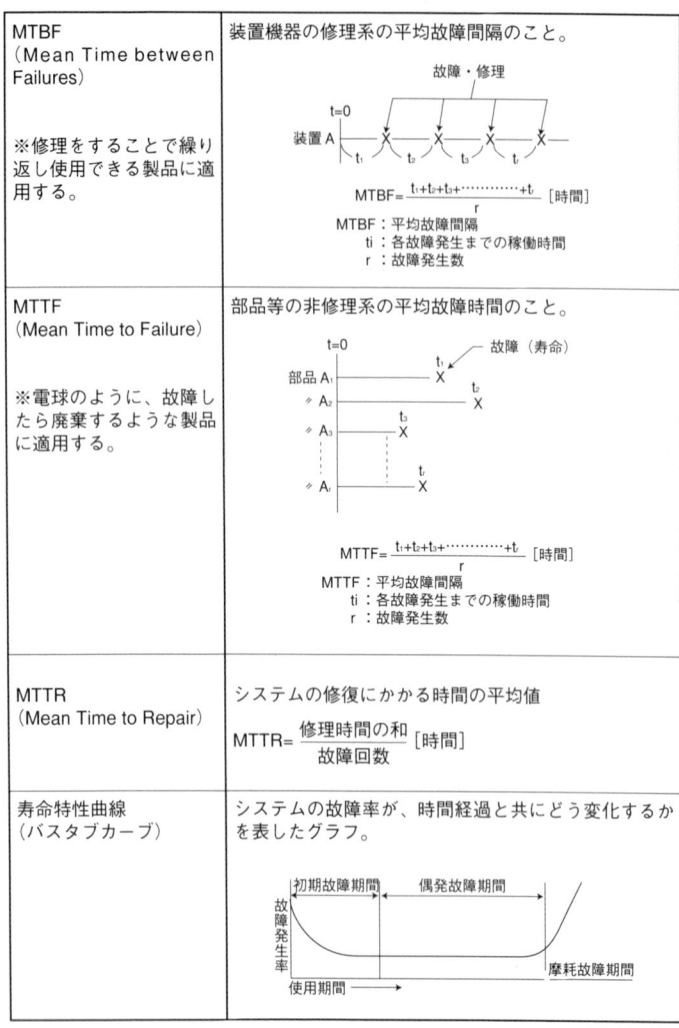

アイデア発想技法

> アイデア発想技法とは、個人の能力に頼って来たアイデア創出をチームの自由な意見を導き出し、それらを整理し組み合わせることで、意外性のあるユニークなアイデアを見つけるための技法をいう。

ブレーンストーミング法	4つの規則「批判厳禁」「自由奔放」「量を求む」「結合改善をあげて行う」に従い、チームでアイデアを出す技法
チェックリスト法	あらかじめ求めるポイントを決めておき、「小型化したら？」「組み合わせたら？」などのチェックリストに従う技法。 個人でも発想が可能である。
TRIZ（トリーツ）	ロシアのアルトシューラー氏が膨大な特許情報に基づいて技術開発の「定石」を導き出し、技術問題を中心に解決を支援する技法。
KJ法 (Kawakita Jiro)	川喜多二郎氏が考案した発想法で、発想したアイデアをカードに記入し、関連性を確認しながらグループ化する技法
マインドマップ	中央にイメージ（イラスト・キーワードなど）を描き、そこから四方八方にツリーを広げ、中央のイメージに関連・連想される言葉やイラストを描いていく技法。
アイデアマラソン	毎日、最低1個、何でも構わないから思いつきをノートや手帳に書く。そして周りに話しかけるという技法。

> ブレーンストーミングを成功させるためのポイント
> ・参加人数は6～10名が望ましい。
> ・参加メンバーの階層が大きく異ならない（同僚・同輩など）
> ・リーダがアイデアを引き出すように導く

国際単位系 (SI)

国際単位系 (SI) とは、1948年に国際度量衡総会(メートル条約の加盟国代表会議)によって単位系の統一を図る方針が決定され、1960年の総会で国際単位系の内容や名称が承認された。国際単位系は英語では「International System of Units」と呼ぶが、度量衡についてはメートル原器がフランスにあることからフランスの影響力が大きく、フランス語の「Le Systeme International d'Unites」の頭文字を取りSI(エスアイ)単位と呼ばれる。

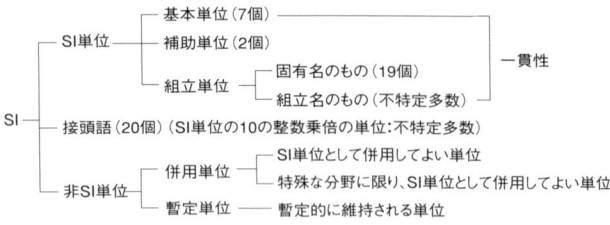

基本単位

量	名称	記号	定義
長さ	メートル	m	メートルは、光が真空中で1/(299792458)sの間に進む距離である
質量	キログラム	kg	キログラムは、(重量でも力でもない)質量の単位であって、それは国際キログラム原器の質量に等しい
時間	秒	s	秒は、セシウム-133の原子の基底状態の二つの超微細単位の間の遷移に対応する放射の9192631770周期の継続時間である
電流	アンペア	A	アンペアは、真空中に1メートルの間隔で平行に置かれた、無限に小さい円形断面積を有する無限に長い2本の直線状導体のそれぞれを流れ、これらの導体の長さ1メートルごとに2×10^{-7}ニュートンの力を及ぼし合う不変の電流である
熱力学温度	ケルビン	K	ケルビンは、水の三重点の熱力学温度の1/273.16である
物質量	モル	mol	モルは、0.012キログラムの炭素12の中に存在する原子の数と等しい数の要素粒子αまたは要素粒子の集合体(組成が明確にされたものに限る)で構成された系の物質量とし、要素粒子または要素粒子の集合体を特定して使用する
光度	カンデラ	cd	カンデラは、周波数540×10^{12}Hzの単色放射を放出し所定の方向の放射強度が$1/683$W·sr^{-1}である光源の、その方向における光度である

補助単位

量	名称	記号	定義
平面角	ラジアン	rad	ラジアンは、円の周上でその半径の長さに等しい長さの弧を切り取る2本の半径の間に含まれる平面角である
立体角	ステラジアン	sr	ステラジアンは、球の中心を頂点とし、その球の半径を1辺とする正方形の面積と等しい面積をその球の表面上で切り取る立体角である

組立単位

量	単位	単位記号
周波数	ヘルツ (hertz)	Hz
力	ニュートン (newton)	N
圧力、応力	パスカル (pascal)	Pa
エネルギー、仕事、熱量	ジュール (joule)	J
仕事率、電力、工率、動力	ワット (watt)	W
電気量、電荷	クーロン (coulomb)	C
電圧、電位、電位差、起電力	ボルト (volt)	V
静電容量、キャパシタンス	ファラッド (farad)	F
電気抵抗	オーム (ohm)	Ω
コンダクタンス	ジーメンス (siemens)	S
磁束	ウェーバ (weber)	Wb
磁束密度、磁気誘導	テスラ (tesla)	T
インダクタンス	ヘンリー (henry)	H
セルシウス温度	セルシウス度または度 (degree Celsius)	℃
光束	ルーメン (lumen)	lm
照度	ルクス (lux)	lx
放射能	ベクレル (becquerel)	Bq
吸収線量、質量エネルギー分与、カーマ、吸収線量指標	グレイ (gray)	Gy
線量当量、線量当量指標	シーベルト (sievert)	Sv

接頭語(代表的な15個を示す)

単位に乗ぜられる倍数	接頭語 名称	記号	単位に乗ぜられる倍数	接頭語 名称	記号	単位に乗ぜられる倍数	接頭語 名称	記号
10^{18}	エクサ	E	10^3	キロ	k	10^{-6}	マイクロ	μ
10^{15}	ペタ	P	10^2	ヘクト	h	10^{-9}	ナノ	n
10^{12}	テラ	T	10^1	デシ	d	10^{-12}	ピコ	p
10^9	ギガ	G	10^{-2}	センチ	c	10^{-15}	フェムト	f
10^6	メガ	M	10^{-3}	ミリ	m	10^{-18}	アト	a

Kgf-N換算表

> ニュートン（N）とは、力の大きさを表す単位をいう。質量1kgの物体が自然落下する場合、重力加速度（9.8m/s²）で移動する。そのときの力の大きさは1kg×9.8m/s²＝9.8Nで表される。

Kgf―N 換算表

1kgf=9.80665N　　1N=0.1019716Kgf

K g f		N	K g f		N	K g f		N
0.1020	1	9.8067	3.4670	34	333.43	6.8321	67	657.05
0.2039	2	19.6133	3.5690	35	343.23	6.9341	68	666.85
0.3059	3	29.4200	3.6710	36	353.04	7.0360	69	676.66
0.4079	4	39.2266	3.7729	37	362.85	7.1380	70	686.47
0.5099	5	49.0333	3.8749	38	372.65	7.2400	71	696.27
0.6118	6	58.8399	3.9769	39	382.46	7.3420	72	706.08
0.7138	7	68.6466	4.0789	40	392.27	7.4439	73	715.89
0.8158	8	78.4532	4.1808	41	402.07	7.5459	74	725.69
0.9177	9	88.2599	4.2828	42	411.88	7.6479	75	735.50
1.0197	10	98.0665	4.3848	43	421.69	7.7498	76	745.31
1.1217	11	107.8732	4.4868	44	431.49	7.8518	77	755.11
1.2237	12	117.6798	4.5887	45	441.30	7.9538	78	764.92
1.3256	13	127.4865	4.6907	46	451.11	8.0558	79	774.73
1.4276	14	137.2931	4.7927	47	460.91	8.1577	80	784.53
1.5296	15	147.0998	4.8946	48	470.72	8.2597	81	794.34
1.6315	16	156.9064	4.9966	49	480.53	8.3617	82	804.15
1.7335	17	166.7131	5.0986	50	490.33	8.4636	83	813.95
1.8355	18	176.5197	5.2006	51	500.14	8.5656	84	823.76
1.9375	19	186.3264	5.3025	52	509.95	8.6676	85	833.57
2.0394	20	196.1330	5.4045	53	519.75	8.7696	86	843.37
2.1414	21	205.9397	5.5065	54	529.56	8.8715	87	853.18
2.2434	22	215.7463	5.6084	55	539.37	8.9735	88	862.99
2.3453	23	225.5530	5.7104	56	549.17	9.0755	89	872.79
2.4473	24	235.3596	5.8124	57	558.98	9.1774	90	882.60
2.5493	25	245.1663	5.9144	58	568.79	9.2794	91	892.41
2.6513	26	254.9729	6.0163	59	578.59	9.3814	92	902.21
2.7532	27	264.7796	6.1183	60	588.40	9.4834	93	912.02
2.8552	28	274.5862	6.2203	61	598.21	9.5853	94	921.83
2.9572	29	284.3929	6.3222	62	608.01	9.6873	95	931.63
3.0591	30	294.1995	6.4242	63	617.82	9.7893	96	941.44
3.1611	31	304.0062	6.5262	64	627.63	9.8912	97	951.25
3.2631	32	313.8128	6.6282	65	637.43	9.9932	98	961.05
3.3651	33	323.6195	6.7301	66	647.24	10.0952	99	970.86

【表の見方】例えば20KgfをNに換算する時は、第一列目の中央の20の欄をみて、その右の欄を読めば20Kgfは196.14Nとわかる。また、20NをKgfに換算する時はその左のKgfの欄を読めば、20Nは2.0394Kgfであることがわかる。

inch-mm換算表

> インチ（inch）とは、ヤードポンド法での長さの単位のひとつで、12分の1フィートを1単位とする長さのことである。
> 1（inch）＝25.4（mm）

inch-mm 換算表

分数 (inch)	小数	0″	1″	2″	3″	4″	5″	6″	7″	8″
	0		25.400	50.800	76.200	101.600	127.000	152.400	177.800	203.200
1/64″	0.015625	0.397	25.797	51.197	76.597	101.997	127.397	152.797	178.197	203.597
1/32″	0.031250	0.794	26.194	51.594	76.994	102.394	127.794	153.194	178.594	203.994
3/64″	0.046875	1.191	26.591	51.991	77.391	102.791	128.191	153.591	178.991	204.391
1/16″	0.062500	1.588	26.988	52.388	77.788	103.188	128.588	153.988	179.388	204.788
5/64″	0.078125	1.984	27.384	52.784	78.184	103.584	128.984	154.384	179.784	205.184
3/32″	0.093750	2.381	27.781	53.181	78.581	103.981	129.381	154.781	180.181	205.581
7/64″	0.109375	2.778	28.178	53.578	78.978	104.378	129.778	155.178	180.578	205.978
1/8″	0.125000	3.175	28.575	53.975	79.375	104.775	130.175	155.575	180.975	206.375
9/64″	0.140625	3.572	28.972	54.372	79.772	105.172	130.572	155.972	181.372	206.772
5/32″	0.156250	3.969	29.369	54.769	80.169	105.569	130.969	156.369	181.769	207.169
11/64″	0.171875	4.366	29.766	55.166	80.566	105.966	131.366	156.766	182.166	207.566
3/16″	0.187500	4.763	30.163	55.563	80.963	106.363	131.763	157.163	182.563	207.963
13/64″	0.203125	5.159	30.559	55.959	81.359	106.759	132.159	157.559	182.959	208.359
7/32″	0.218750	5.556	30.956	56.356	81.756	107.156	132.556	157.956	183.356	208.756
15/64″	0.234375	5.953	31.353	56.753	82.153	107.553	132.953	158.353	183.753	209.153
1/4″	0.250000	6.350	31.750	57.150	82.550	107.950	133.350	158.750	184.150	209.550
17/64″	0.265625	6.747	32.147	57.547	82.947	108.347	133.747	159.147	184.547	209.947
9/32″	0.281250	7.144	32.544	57.944	83.344	108.744	134.144	159.544	184.944	210.344
19/64″	0.296875	7.541	32.941	58.341	83.741	109.141	134.541	159.941	185.341	210.741
5/16″	0.312500	7.938	33.338	58.738	84.138	109.538	134.938	160.338	185.738	211.138
21/64″	0.328125	8.334	33.734	59.134	84.534	109.934	135.334	160.734	186.134	211.534
11/32″	0.343750	8.731	34.131	59.531	84.931	110.331	135.731	161.131	186.531	211.931
23/64″	0.359375	9.128	34.528	59.928	85.328	110.728	136.128	161.528	186.928	212.328
3/8″	0.375000	9.525	34.925	60.325	85.725	111.125	136.525	161.925	187.325	212.725
25/64″	0.390625	9.922	35.322	60.722	86.122	111.522	136.922	162.322	187.722	213.122
13/32″	0.406250	10.319	35.719	61.119	86.519	111.919	137.319	162.719	188.119	213.519
27/64″	0.421875	10.716	36.116	61.516	86.916	112.316	137.716	163.116	188.516	213.916
7/16″	0.437500	11.113	36.513	61.913	87.313	112.713	138.113	163.513	188.913	214.313
29/64″	0.453125	11.509	36.909	62.309	87.709	113.109	138.509	163.909	189.309	214.709
15/32″	0.468750	11.906	37.306	62.706	88.106	113.506	138.906	164.306	189.706	215.106
31/64″	0.484375	12.303	37.703	63.103	88.503	113.903	139.303	164.703	190.103	215.503
1/2″	0.500000	12.700	38.100	63.500	88.900	114.300	139.700	165.100	190.500	215.900
33/64″	0.515625	13.097	38.497	63.897	89.297	114.697	140.097	165.497	190.897	216.297
17/32″	0.531250	13.494	38.894	64.294	89.694	115.094	140.494	165.894	191.294	216.694
35/64″	0.546875	13.891	39.291	64.691	90.091	115.491	140.891	166.291	191.691	217.091
9/16″	0.562500	14.288	39.688	65.088	90.488	115.888	141.288	166.688	192.088	217.488
37/64″	0.578125	14.684	40.084	65.484	90.884	116.284	141.684	167.084	192.484	217.884
19/32″	0.593750	15.081	40.481	65.881	91.281	116.681	142.081	167.481	192.881	218.281
39/64″	0.609375	15.478	40.878	66.278	91.678	117.078	142.478	167.878	193.278	218.678
5/8″	0.625000	15.875	41.275	66.675	92.075	117.475	142.875	168.275	193.675	219.075

		0"	1"	2"	3"	4"	5"	6"	7"	8"
41/64"	0.640625	16.272	41.672	67.072	92.472	117.872	143.272	168.672	194.072	219.472
21/32"	0.656250	16.669	42.069	67.469	92.869	118.269	143.669	169.069	194.469	219.869
43/64"	0.671875	17.066	42.466	67.866	93.266	118.666	144.066	169.466	194.866	220.266
11/16"	0.687500	17.463	42.863	68.263	93.663	119.063	144.463	169.863	195.263	220.663
45/64"	0.703125	17.859	43.259	68.659	94.059	119.459	144.859	170.259	195.659	221.059
23/32"	0.718750	18.256	43.656	69.056	94.456	119.856	145.256	170.656	196.056	221.456
47/64"	0.734375	18.653	44.053	69.453	94.853	120.253	145.653	171.053	196.453	221.853
3/4"	0.750000	19.050	44.450	69.850	95.250	120.650	146.050	171.450	196.850	222.250
49/64"	0.765625	19.447	44.847	70.247	95.647	121.047	146.447	171.847	197.247	222.647
25/32"	0.781250	19.844	45.244	70.644	96.044	121.444	146.844	172.244	197.644	223.044
51/64"	0.796875	20.241	45.641	71.041	96.441	121.841	147.241	172.641	198.041	223.441
13/16"	0.812500	20.638	46.038	71.438	96.838	122.238	147.638	173.038	198.438	223.838
53/64"	0.828125	21.034	46.434	71.834	97.234	122.634	148.034	173.434	198.834	224.234
27/32"	0.843750	21.431	46.831	72.231	97.631	123.031	148.431	173.831	199.231	224.631
55/64"	0.859375	21.828	47.228	72.628	98.028	123.428	148.828	174.228	199.628	225.028
7/8"	0.875000	22.225	47.625	73.025	98.425	123.825	149.225	174.625	200.025	225.425
57/64"	0.890625	22.622	48.022	73.422	98.822	124.222	149.622	175.022	200.422	225.822
29/32"	0.906250	23.019	48.419	73.819	99.219	124.619	150.019	175.419	200.819	226.219
59/64"	0.921875	23.416	48.816	74.216	99.616	125.016	150.416	175.816	201.216	226.616
15/16"	0.937500	23.813	49.213	74.613	100.013	125.413	150.813	176.213	201.613	227.013
61/64"	0.953125	24.209	49.609	75.009	100.409	125.809	151.209	176.609	202.009	227.409
31/32"	0.968750	24.606	50.006	75.406	100.806	126.206	151.606	177.006	202.406	227.806
63/64"	0.984375	25.003	50.403	75.803	101.203	126.603	152.003	177.403	202.803	228.203

※表の見方:
横軸はインチを表し、0"〜8"まで区切られている。
縦軸の分数で表したinchをmmに換算する場合は、横軸0"の列を参照する。

例えば、$1" + \dfrac{1}{16}" = 25.4 + 1.588 = 26.988$ mm を求めたい場合、横軸1"と縦軸1/16"の交点のセルを見ると上記の値が示されていることがわかる。

温度°C-F換算表

摂氏とは、「セルシウス度」といい、国際単位系(SI)で定められた温度の単位で、凝固点を0℃、沸点を100℃として、それを100等分にした単位である。単位は℃で表す。

華氏とは、ドイツの物理学者ファーレンハイト(Fahrenheit)が考案したもので、健康な人間の血液の温度を96度、氷と食塩の混合物の温度を0度に定めたもの。単位は°Fで表す。

温度 換算表　　C=5 (F-32)/9　　F=32+9C/5

℃		°F	℃		°F	℃		°F	℃		°F
-73.3	-100	-148.0	-2.2	28	82.4	16.1	61	141.8	34.4	94	201.2
-62.2	-80	-112.0	-1.7	29	84.2	16.7	62	143.6	35.0	95	203.0
-51.1	-60	-76.0	-1.1	30	86.0	17.2	63	145.4	35.6	96	204.8
-40.0	-40	-40.0	-0.6	31	87.8	17.8	64	147.2	36.1	97	206.6
-28.9	-20	-4.0	0.0	32	89.6	18.3	65	149.0	36.7	98	208.4
-17.8	0	32.0	0.6	33	91.4	18.9	66	150.8	37.2	99	210.2
-17.2	1	33.8	1.1	34	93.2	19.4	67	152.6	37.8	100	212.0
-16.7	2	35.6	1.7	35	95.0	20.0	68	154.4	43.3	110	230.0
-16.1	3	37.4	2.2	36	96.8	20.6	69	156.2	48.9	120	248.0
-15.6	4	39.2	2.8	37	98.6	21.1	70	158.0	54.4	130	266.0
-15.0	5	41.0	3.3	38	100.4	21.7	71	159.8	60.0	140	284.0
-14.4	6	42.8	3.9	39	102.2	22.2	72	161.6	65.6	150	302.0
-13.9	7	44.6	4.4	40	104.0	22.8	73	163.4	71.1	160	320.0
-13.3	8	46.4	5.0	41	105.8	23.3	74	165.2	76.7	170	338.0
-12.8	9	48.2	5.6	42	107.6	23.9	75	167.0	82.2	180	356.0
-12.2	10	50.0	6.1	43	109.4	24.4	76	168.8	87.8	190	374.0
-11.7	11	51.8	6.7	44	111.2	25.0	77	170.6	93.3	200	392.0
-11.1	12	53.6	7.2	45	113.0	25.6	78	172.4	121.1	250	482.0
-10.6	13	55.4	7.8	46	114.8	26.1	79	174.2	148.9	300	572.0
-10.0	14	57.2	8.3	47	116.6	26.7	80	176.0	176.7	350	662.0
-9.4	15	59.0	8.9	48	118.4	27.2	81	177.8	204.4	400	752.0
-8.9	16	60.8	9.4	49	120.2	27.8	82	179.6	232.2	450	842.0
-8.3	17	62.6	10.0	50	122.0	28.3	83	181.4	260.0	500	932.0
-7.8	18	64.4	10.6	51	123.8	28.9	84	183.2	287.8	550	1022.0
-7.2	19	66.2	11.1	52	125.6	29.4	85	185.0	315.6	600	1112.0
-6.7	20	68.0	11.7	53	127.4	30.0	86	186.8	343.3	650	1202.0
-6.1	21	69.8	12.2	54	129.2	30.6	87	188.6	371.1	700	1292.0
-5.6	22	71.6	12.8	55	131.0	31.1	88	190.4	398.9	750	1382.0
-5.0	23	73.4	13.3	56	132.8	31.7	89	192.2	426.7	800	1472.0
-4.4	24	75.2	13.9	57	134.6	32.2	90	194.0	454.4	850	1562.0
-3.9	25	77.0	14.4	58	136.4	32.8	91	195.8	482.2	900	1652.0
-3.3	26	78.8	15.0	59	138.2	33.3	92	197.6	510.0	950	1742.0
-2.8	27	80.6	15.6	60	140.0	33.9	93	199.4	537.8	1000	1832.0

【表の見方】例えば20℃を°Fに換算する時は、第一列目の中央の20の欄をみて、その右の°F欄を読めば20Kgfは68.0°Fとわかる。また、20°Fを℃に換算する時はその左の℃の欄を読めば、20°Fは-6.7℃であることがわかる。

硬さ試験

> 硬さとは、物質が他の物体によって変形を与えられるときに呈する抵抗の大小を示す尺度をいう。

- **ビッカース硬さ（Vickers hardness）：HV**

　頂角136°のダイヤモンド正四角錐を一定荷重で試料に押し込み、試験片表面にできたピラミッド形のくぼみの、対角線の長さからその表面積（A [mm²]）を計算し、試験荷重（P [N]）を割ることで硬さを求める方式である。

- **ブリネル硬さ（Brinell hardness）：HB**

　直径10mmの鋼球を一定荷重で試料に押し込み、圧痕表面積で試験荷重を割って算出する方式である。

- **ロックウェル硬さ（Rockwell hardness）：HR**

　直径1.5875mmの鋼球または、頂角120°、先端半径0.2mmのダイヤモンド円錐（コーン）を一定荷重で試料に押し込み、そのくぼみの深さから硬さを求める方式である。
　HRA（Aスケール）…120°ダイヤモンド円錐圧子　　試験荷重：60kg
　HRB（Bスケール）…直径1.5875mm(1/16")の鋼球　試験荷重：100kg
　HRC（Cスケール）…120°ダイヤモンド円錐圧子　　試験荷重：150kg
　HRD（Dスケール）…120°ダイヤモンド円錐圧子　　試験荷重：100kg

- **ショア硬さ（Shore hardness）：HS**

　試料の試験面上に一定の高さh_oから落下させたハンマのはね上がり高さhに比例する値を、次式より求める方式である・

$$HS = K\frac{h}{h_o}$$　　　HS：ショア硬さ　　K：ショア硬さとするための係数

硬度換算表

ビッカース硬さ (HV)	ブリネル硬さ (HB) 10mm荷重3,000kgf			ロックウェル硬さ (HR)				ショア硬さ (HS)
	標準球	ハルトグレン球	タングステンカーバイト球	Aスケール 荷重60kgf ダイヤモンドコーン	Bスケール 荷重100kgf 1"/16鋼球	Cスケール 荷重150kgf ダイヤモンドコーン	Dスケール 荷重100kgf ダイヤモンドコーン	
600		550	564	78.6		55.2	67	74
590		542	554	78.8		54.7	66.7	74
580		535	545	78		54.1	66.2	72
570		527	535	77.8		53.6	65.8	72
560		519	525	77.4		53	65.4	71
550	505	512	517	77		52.3	64.8	71
540	496	503	507	76.7		51.7	64.4	69
530	488	495	497	76.4		51.1	63.9	69
520	480	487	488	76.1		50.5	63.5	67
510	473	479	479	75.7		49.8	62.9	67
500	465	471	471	75.3		49.1	62.2	66
490	456	460	460	74.9		48.4	61.6	66
480	448	452	452	74.5		47.4	61.3	64
470	441	442	442	74.1		46.9	60.7	64
460	433	433	433	73.6		46.1	60.1	62
450	425	425	425	73.3		45.3	59.4	62
440	415	415	415	72.8		44.5	58.8	59
430	405	405	405	72.3		43.6	58.2	59
420	397	397	397	71.8		42.7	57.5	57
410	388	388	388	71.4		41.8	56.8	57
400	379	379	379	70.8		40.8	56	55
390	369	369	369	70.3		39.8	55.2	55
380	360	360	360	69.8	(110)	38.8	54.4	52
370	350	350	350	69.2	(110)	37.7	53.6	52
360	341	341	341	68.7	(109)	36.6	52.8	50
350	331	331	331	68.1	(109)	35.5	51.9	50
340	322	322	322	67.6	(108)	34.4	51.1	47
330	313	313	313	67	(108)	33.3	50.2	47
320	303	303	303	66.4	(107)	32.2	49.4	45
310	294	294	294	65.8	(107)	31	48.4	45
300	284	284	284	65.2	(105.5)	29.8	47.5	42
295	280	280	280	64.8	(105.5)	29.2	47.1	42
290	275	275	275	64.5	(104.5)	28.5	46.5	41
285	270	270	270	64.2	(104.5)	27.8	46	41
280	265	265	265	63.8	(103.5)	27.1	45.3	40
275	261	261	261	63.5	(103.5)	26.6	44.9	40
270	256	256	256	63.1	(102)	25.6	44.3	38
265	252	252	252	62.7	(102)	24.8	43.7	38
260	247	247	247	62.4	(101)	24	43.1	37
255	243	243	243	62	(101)	23.1	42.2	37
250	238	238	238	61.6	99.5	22.2	41.7	36
245	233	233	233	61.2	99.5	21.3	41.1	36
240	228	228	228	60.7	98.1	20.3	40.8	34
230	219	219	219	—	96.7	-18	—	33
220	209	209	209	—	95	-15.7	—	32
210	200	200	200	—	93.4	-13.4	—	30
200	190	190	190	—	91.5	-11	—	29
190	181	181	181	—	89.5	-8.5	—	28
180	171	171	171	—	87.1	-6	—	26
170	162	162	162	—	85	-3	—	25
160	152	152	152	—	81.7	0	—	24
150	143	143	143	—	78.7	—	—	22

10進数・16進数・2進数変換表

10進数とは、0から9までの10種類の数で表現し、桁上がりをするという数の流れのことである。

2進数とは、10進数を「0」か「1」の2種類で表すものをいう。2進数は2のべき乗表現で表すことができ、コンピュータ内部で使われる記憶領域の数え方として8桁表現が一般的に用いられる。

16進数とは、0から16までの16個の数字を、10個の数字と5個のアルファベット(A～F)を使って数を表現する進法をいう。16進数表記は2進数表記の読み替えであり、16進数の3桁目が2進数の前4ビットが対応している。

便宜上、16進数はXXHと表記する。

2進数の8桁表現の考え方

10進数	2のべき乗表現	8桁表現
0	$(2^3)×0+(2^2)×0+(2^1)×0+(2^0)×0$	0000 0000
1	$(2^3)×0+(2^2)×0+(2^1)×0+(2^0)×1$	0000 0001
2	$(2^3)×0+(2^2)×0+(2^1)×1+(2^0)×0$	0000 0010

10進数・16進数・2進数変換表（1）

10進数	16進数	2進数		10進数	16進数	2進数
0	00H	0000 0000		64	40H	0100 0000
1	01H	0000 0001		65	41H	0100 0001
2	02H	0000 0010		66	42H	0100 0010
3	03H	0000 0011		67	43H	0100 0011
4	04H	0000 0100		68	44H	0100 0100
5	05H	0000 0101		69	45H	0100 0101
6	06H	0000 0110		70	46H	0100 0110
7	07H	0000 0111		71	47H	0100 0111
8	08H	0000 1000		72	48H	0100 1000
9	09H	0000 1001		73	49H	0100 1001
10	0AH	0000 1010		74	4AH	0100 1010
11	0BH	0000 1011		75	4BH	0100 1011
12	0CH	0000 1100		76	4CH	0100 1100
13	0DH	0000 1101		77	4DH	0100 1101
14	0EH	0000 1110		78	4EH	0100 1110
15	0FH	0000 1111		79	4FH	0100 1111
16	10H	0001 0000		80	50H	0101 0000
17	11H	0001 0001		81	51H	0101 0001
18	12H	0001 0010		82	52H	0101 0010
19	13H	0001 0011		83	53H	0101 0011
20	14H	0001 0100		84	54H	0101 0100
21	15H	0001 0101		85	55H	0101 0101
22	16H	0001 0110		86	56H	0101 0110
23	17H	0001 0111		87	57H	0101 0111
24	18H	0001 1000		88	58H	0101 1000
25	19H	0001 1001		89	59H	0101 1001
26	1AH	0001 1010		90	5AH	0101 1010
27	1BH	0001 1011		91	5BH	0101 1011
28	1CH	0001 1100		92	5CH	0101 1100
29	1DH	0001 1101		93	5DH	0101 1101
30	1EH	0001 1110		94	5EH	0101 1110
31	1FH	0001 1111		95	5FH	0101 1111
32	20H	0010 0000		96	60H	0110 0000
33	21H	0010 0001		97	61H	0110 0001
34	22H	0010 0010		98	62H	0110 0010
35	23H	0010 0011		99	63H	0110 0011
36	24H	0010 0100		100	64H	0110 0100
37	25H	0010 0101		101	65H	0110 0101
38	26H	0010 0110		102	66H	0110 0110
39	27H	0010 0111		103	67H	0110 0111
40	28H	0010 1000		104	68H	0110 1000
41	29H	0010 1001		105	69H	0110 1001
42	2AH	0010 1010		106	6AH	0110 1010
43	2BH	0010 1011		107	6BH	0110 1011
44	2CH	0010 1100		108	6CH	0110 1100
45	2DH	0010 1101		109	6DH	0110 1101
46	2EH	0010 1110		110	6EH	0110 1110
47	2FH	0010 1111		111	6FH	0110 1111
48	30H	0011 0000		112	70H	0111 0000
49	31H	0011 0001		113	71H	0111 0001
50	32H	0011 0010		114	72H	0111 0010
51	33H	0011 0011		115	73H	0111 0011
52	34H	0011 0100		116	74H	0111 0100
53	35H	0011 0101		117	75H	0111 0101
54	36H	0011 0110		118	76H	0111 0110
55	37H	0011 0111		119	77H	0111 0111
56	38H	0011 1000		120	78H	0111 1000
57	39H	0011 1001		121	79H	0111 1001
58	3AH	0011 1010		122	7AH	0111 1010
59	3BH	0011 1011		123	7BH	0111 1011
60	3CH	0011 1100		124	7CH	0111 1100
61	3DH	0011 1101		125	7DH	0111 1101
62	3EH	0011 1110		126	7EH	0111 1110
63	3FH	0011 1111		127	7FH	0111 1111

2進数は、読みやすく理解しやすいように、前4ビットと後ろ4ビットに分けて記入している。
16進数の3桁目と2進数の前4ビットが関連している。

10進数・16進数・2進数変換表（2）

10進数	16進数	2進数
128	80H	1000 0000
129	81H	1000 0001
130	82H	1000 0010
131	83H	1000 0011
132	84H	1000 0100
133	85H	1000 0101
134	86H	1000 0110
135	87H	1000 0111
136	88H	1000 1000
137	89H	1000 1001
138	8AH	1000 1010
139	8BH	1000 1011
140	8CH	1000 1100
141	8DH	1000 1101
142	8EH	1000 1110
143	8FH	1000 1111
144	90H	1001 0000
145	91H	1001 0001
146	92H	1001 0010
147	93H	1001 0011
148	94H	1001 0100
149	95H	1001 0101
150	96H	1001 0110
151	97H	1001 0111
152	98H	1001 1000
153	99H	1001 1001
154	9AH	1001 1010
155	9BH	1001 1011
156	9CH	1001 1100
157	9DH	1001 1101
158	9EH	1001 1110
159	9FH	1001 1111
160	A0H	1010 0000
161	A1H	1010 0001
162	A2H	1010 0010
163	A3H	1010 0011
164	A4H	1010 0100
165	A5H	1010 0101
166	A6H	1010 0110
167	A7H	1010 0111
168	A8H	1010 1000
169	A9H	1010 1001
170	AAH	1010 1010
171	ABH	1010 1011
172	ACH	1010 1100
173	ADH	1010 1101
174	AEH	1010 1110
175	AFH	1010 1111
176	B0H	1011 0000
177	B1H	1011 0001
178	B2H	1011 0010
179	B3H	1011 0011
180	B4H	1011 0100
181	B5H	1011 0101
182	B6H	1011 0110
183	B7H	1011 0111
184	B8H	1011 1000
185	B9H	1011 1001
186	BAH	1011 1010
187	BBH	1011 1011
188	BCH	1011 1100
189	BDH	1011 1101
190	BEH	1011 1110
191	BFH	1011 1111

10進数	16進数	2進数
192	C0H	1100 0000
193	C1H	1100 0001
194	C2H	1100 0010
195	C3H	1100 0011
196	C4H	1100 0100
197	C5H	1100 0101
198	C6H	1100 0110
199	C7H	1100 0111
200	C8H	1100 1000
201	C9H	1100 1001
202	CAH	1100 1010
203	CBH	1100 1011
204	CCH	1100 1100
205	CDH	1100 1101
206	CEH	1100 1110
207	CFH	1100 1111
208	D0H	1101 0000
209	D1H	1101 0001
210	D2H	1101 0010
211	D3H	1101 0011
212	D4H	1101 0100
213	D5H	1101 0101
214	D6H	1101 0110
215	D7H	1101 0111
216	D8H	1101 1000
217	D9H	1101 1001
218	DAH	1101 1010
219	DBH	1101 1011
220	DCH	1101 1100
221	DDH	1101 1101
222	DEH	1101 1110
223	DFH	1101 1111
224	E0H	1110 0000
225	E1H	1110 0001
226	E2H	1110 0010
227	E3H	1110 0011
228	E4H	1110 0100
229	E5H	1110 0101
230	E6H	1110 0110
231	E7H	1110 0111
232	E8H	1110 1000
233	E9H	1110 1001
234	EAH	1110 1010
235	EBH	1110 1011
236	ECH	1110 1100
237	EDH	1110 1101
238	EEH	1110 1110
239	EFH	1110 1111
240	F0H	1111 0000
241	F1H	1111 0001
242	F2H	1111 0010
243	F3H	1111 0011
244	F4H	1111 0100
245	F5H	1111 0101
246	F6H	1111 0110
247	F7H	1111 0111
248	F8H	1111 1000
249	F9H	1111 1001
250	FAH	1111 1010
251	FBH	1111 1011
252	FCH	1111 1100
253	FDH	1111 1101
254	FEH	1111 1110
255	FFH	1111 1111

2進数は、読みやすく理解しやすいように、前4ビットと後ろ4ビットに分けて記入している。
16進数の3桁目と2進数の前4ビットが関連している。

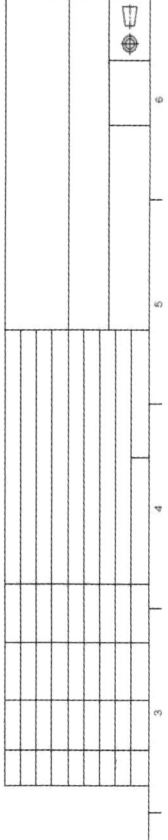

Chapter 2

数学の基礎

因数分解の基本
2次関数の基本
平方根・立方根の基本計算
三角関数の基礎
正弦定理
指数関数
対数関数
自然対数
平面幾何
論理演算

因数分解 (factorization) の基本

> 因数分解とは、1つの多項式を単項式や多項式の和の形に表すこと、つまり共通の項をくくることをいう。

① $ma+mb-mc=m(a+b-c)$
② $a^2\pm2ab+b^2=(a\pm b)^2$
③ $a^2-b^2=(a+b)(a-b)$
④ $x^2+(a+b)x+ab=(x+a)(x+b)$
⑤ $acx^2+(bc+ad)x+bd=(ax+b)(cx+d)$
⑥ $a^3+b^3=(a\pm b)(a^2\mp ab+b^2)$　　(複号同順)
⑦ $a^3\pm3a^2b+3ab^2\pm b^3=(a\pm b)^3$　　(複号同順)
⑧ $a^3+b^3+c^3-3abc=(a+b+c)(a^2+b^2+c^2-bc-ca-ab)$
⑨ $a^4+a^2b^2+b^4=(a^2+ab+b^2)(a^2-ab+b^2)$

2次関数の基本

2次関数とは、規則が二次多項式であるものをいい、変化率が一定でない放物線のグラフを描く関数をいう。

基本形…$y=ax^2$ $(a \neq 0)$

　$a>0$の場合、グラフの向きは下に凸
　$a<0$の場合、グラフの向きは上に凸

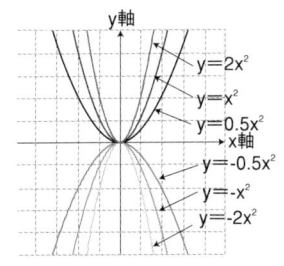

一般形…$y=ax^2+bx+c$ $(a \neq 0)$
一般形は基本形をある方向にある距離だけ平行移動させたものである。

2次方程式の解

$ax^2+bx+c=0$ $(a \neq 0)$ の解　　$x = \dfrac{-b \pm \sqrt{b^2-4ac}}{2a}$

　$D=b^2-4ac$　を判別式という

　$D>0$…異なる2つの解を得る
　$D=0$…1つの解(重解)を得る
　$D<0$…解なし(実数解なし)

平方根 (square root)・立方根 (cubic root) の基本計算

> 平方根とは、同じ数をかけたらその数になる、その元の数のことをいう。
> 立方根とは、3回同じ数をかけたらその数になる、その元の数のことをいう。

平方根
$\sqrt{0} = 0$
$\sqrt{2} = 1.41421356$　（一夜一夜に人見頃）
$\sqrt{3} = 1.7320508$　（人並みにおごれや）
$\sqrt{5} = 2.2360679$　（富士山麓オウム鳴く）
$\sqrt{6} = 2.44949$　　（二夜しくしく）
$\sqrt{7} = 2.64575$　　（〔菜〕に虫いない）
$\sqrt{8} = 2.828$　　　（にやにや）$=2\sqrt{2}$
$\sqrt{10} = 3.1623$　　（〔十分〕見て取ろう兄さん）

基本計算

平方根：$a > 0$, $b > 0$　ならば　$\sqrt{a}\sqrt{b} = \sqrt{ab}$, $\dfrac{\sqrt{a}}{\sqrt{b}} = \sqrt{\dfrac{a}{b}}$

立方根：$\sqrt[3]{a}\sqrt[3]{b} = \sqrt[3]{ab}$, $\dfrac{\sqrt[3]{a}}{\sqrt[3]{b}} = \sqrt[3]{\dfrac{a}{b}}$

分母の有理化
　平方根：a b は正の数とする

$$\dfrac{b}{\sqrt{a}} = \dfrac{b\sqrt{a}}{\sqrt{a}\sqrt{a}} = \dfrac{b\sqrt{a}}{a}$$

　立方根：

$$\dfrac{b}{\sqrt[3]{a}} = \dfrac{b\sqrt[3]{a^2}}{\sqrt[3]{a}\sqrt[3]{a^2}} = \dfrac{b\sqrt[3]{a^2}}{a}$$

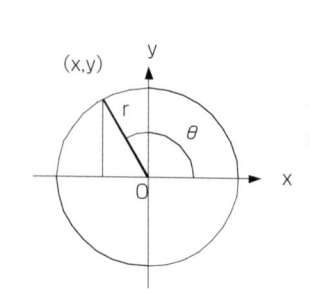

三角関数(trigonometric function)の基礎

三角関数とは、直角三角形のある角に対する各辺の比を表す関数の総称で、sin、cos、tanなどで表されるものをいう。

$\sin\theta = \dfrac{y}{r}$ (正弦)

$\cos\theta = \dfrac{x}{r}$ (余弦)

$\tan\theta = \dfrac{y}{x}$ (正接)

$\cot\theta = \dfrac{x}{y}$ (余接)

$\sec\theta = \dfrac{r}{x}$ (正割)

$\mathrm{cosec}\,\theta = \dfrac{r}{y}$ (余割)

$\sin(-\theta) = -\sin\theta \qquad \cos(-\theta) = \cos\theta$
$\sin(90°-\theta) = \cos\theta \qquad \cos(90°-\theta) = \sin\theta$
$\sin(180°-\theta) = \sin\theta \qquad \cos(180°-\theta) = -\cos\theta$

3角関数間の基本関係

① 逆数関係

$$\cot\theta = \dfrac{1}{\tan\theta} \qquad \sec\theta = \dfrac{1}{\cos\theta} \qquad \mathrm{cosec}\,\theta = \dfrac{1}{\sin\theta}$$

② 相除関係

$$\tan\theta = \dfrac{\sin\theta}{\cos\theta} \qquad \cot\theta = \dfrac{\cos\theta}{\sin\theta}$$

③ 平方関係

$$\sin^2\theta + \cos^2\theta = 1$$

$\left.\begin{array}{l} 1+\tan^2\theta = \sec^2\theta \\ 1+\cot^2\theta = \mathrm{cosec}^2\theta \end{array}\right\} \quad \left\{\begin{array}{l} \cos^2\theta = \dfrac{1}{1+\tan^2\theta} \\ \sin^2\theta = \dfrac{1}{1+\cot^2\theta} \end{array}\right.$

正弦定理

三角形の各辺 a, b, c と各角 A, B, C の間には正弦定理という関係がある。

正弦定理：$\dfrac{a}{\sin A} = \dfrac{b}{\sin B} = \dfrac{c}{\sin C}$

三角形の外接円の半径を R とすると，正弦定理は次のようになる。

$$\dfrac{a}{\sin A} = \dfrac{b}{\sin B} = \dfrac{c}{\sin C} = 2R$$

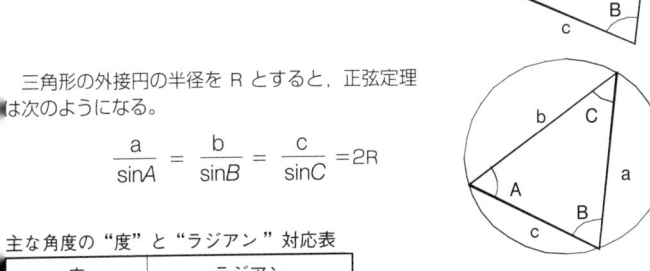

主な角度の "度" と "ラジアン" 対応表

度	ラジアン
0	0
1	$\dfrac{1}{180}\pi$
30	$\dfrac{1}{6}\pi$
45	$\dfrac{1}{4}\pi$
60	$\dfrac{1}{3}\pi$
90	$\dfrac{1}{2}\pi$
135	$\dfrac{3}{4}\pi$
180	π
270	$\dfrac{3}{2}\pi$
360	2π

指数関数 (exponential function)

> 指数関数とは、aを定数として、$a>0$、$a \neq 1$とするとき、$y=a^x$という関数において、aを底とする関数のことをいう。

aを実数、m,nを正の整数とするとき

① $a^0=1 \ (a \neq 0)$ $a^{-n}=\dfrac{1}{a^n} \ (a=0)$

② $a^{\frac{m}{n}}=\sqrt[n]{a^m}$ $a^{-\frac{m}{n}}=\dfrac{1}{\sqrt[n]{a^m}} \ (a \neq 0)$

指数法則
a, bを正の数、m,nを任意の有理数とするとき

① $a^m \times a^n = a^{m+n}$ $a^m \div a^n = a^{m-n}$ $(a^m)^n = a^{mn}$

② $(ab)^n = a^n b^n$ $\left(\dfrac{a}{b}\right)^n = \dfrac{a^n}{b^n}$

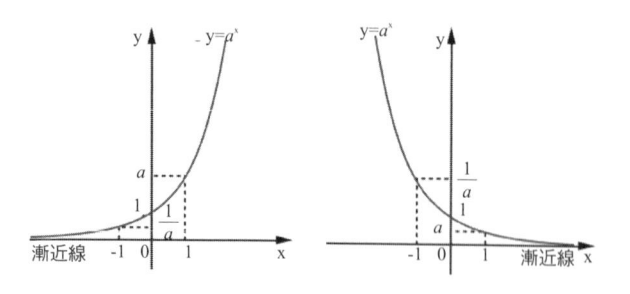

対数関数 (logarithmic function)

> 対数関数とは、$x=\log_a y$という関数において、aを底とする関数のことをいう。
> 指数関数の逆関数であるといえる。

$a^m=M$ ($a>0$, $a\neq 0$) のとき、指数mをaを底とするMの対数といい、$m=\log_a M$と書く。底が10の対数を常用対数という。

$$a^m=M \iff m=\log_a M$$
$$10^m=M \iff m=\log M \quad (a>0,\ a\neq 1 : M>0)$$

基本性質

① $\log_a a=1 \quad \log_a 1=0$
② $\log_a MN=\log_a M+\log_a N$
③ $\log_a \dfrac{M}{N}=\log_a M-\log_a N$
④ $\log_a M^p=p\log_a M \qquad \log_a \sqrt[n]{M^m}=\dfrac{m}{n}\log_a M$
⑤ $\log_a M=\dfrac{\log_b M}{\log_b a} \qquad \log_b a=\dfrac{1}{\log_a b} \quad (b>0,\ b\neq 1)$
⑥ $a^{\log_a M}=M$

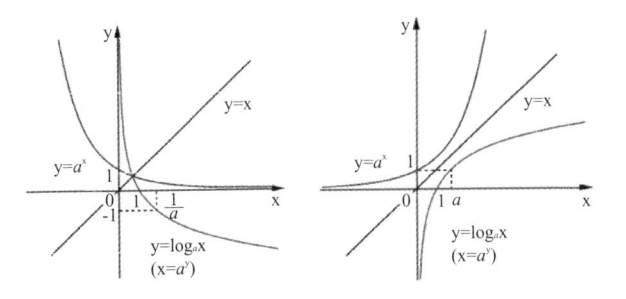

自然対数 (Natural Logarithm)

> 自然対数とは、定数 e を底とする対数のことをいう。
> 自然対数の底 $e = 2.718282$

$n = e^x$

$x = \log_e n$

常用対数（log10または単にlog）と区別するために $\log_e$（ログ イー）は ln（ロン）とも表現される。

自然対数表（1.0 以下）

n	$\log_e n$	n	$\log_e n$	n	$\log_e n$	n	$\log_e n$
0.01	-4.60517	0.26	-1.34707	0.51	-0.67334	0.76	-0.27443
0.02	-3.91202	0.27	-1.30933	0.52	-0.65392	0.77	-0.26136
0.03	-3.50655	0.28	-1.27296	0.53	-0.63488	0.78	-0.24846
0.04	-3.21887	0.29	-1.23788	0.54	-0.61618	0.79	-0.23572
0.05	-2.99573	0.3	-1.20397	0.55	-0.59783	0.8	-0.22314
0.06	-2.81341	0.31	-1.17118	0.56	-0.57982	0.81	-0.21072
0.07	-2.65926	0.32	-1.13943	0.57	-0.56212	0.82	-0.19845
0.08	-2.52573	0.33	-1.10866	0.58	-0.54472	0.83	-0.18633
0.09	-2.40794	0.34	-1.07881	0.59	-0.52763	0.84	-0.17435
0.1	-2.30258	0.35	-1.04982	0.6	-0.51082	0.85	-0.16252
0.11	-2.20727	0.36	-1.02165	0.61	-0.4943	0.86	-0.15082
0.12	-2.12026	0.37	-0.99425	0.62	-0.47803	0.87	-0.13926
0.13	-2.04022	0.38	-0.96758	0.63	-0.46203	0.88	-0.12783
0.14	-1.96611	0.39	-0.94161	0.64	-0.44629	0.89	-0.11653
0.15	-1.89712	0.4	-0.91629	0.65	-0.43078	0.9	-0.10536
0.16	-1.83258	0.41	-0.8916	0.66	-0.41551	0.91	-0.09431
0.17	-1.77196	0.42	-0.8675	0.67	-0.40047	0.92	-0.08338
0.18	-1.7148	0.43	-0.81419	0.68	-0.38566	0.93	-0.07257
0.19	-1.66073	0.44	-0.82098	0.69	-0.37106	0.94	-0.06187
0.2	-1.60944	0.45	-0.79851	0.7	-0.35667	0.95	-0.05129
0.21	-1.56065	0.46	-0.77653	0.71	-0.34249	0.96	-0.04082
0.22	-1.51412	0.47	-0.75502	0.72	-0.3285	0.97	-0.03046
0.23	-1.46968	0.48	-0.73397	0.73	-0.31471	0.98	-0.0202
0.24	-1.42711	0.49	-0.71335	0.74	-0.3011	0.99	-0.01005
0.25	-1.38629	0.5	-0.69214	0.75	-0.28768	1	0

自然対数表（1.0 以上）

n	$\log_e n$	n	$\log_e n$	n	$\log_e n$	n	$\log_e n$
1	0	3	1.09861	5	1.60944	25	3.21887
1.1	0.09531	3.1	1.1314	6	1.79176	26	3.25809
1.2	0.18232	3.2	1.16315	7	1.94591	27	3.29583
1.3	0.26236	3.3	1.19392	8	2.07944	28	3.3322
1.4	0.33647	3.4	1.22377	9	2.19722	29	3.36729
1.5	0.40546	3.5	1.25276	10	2.30258	30	3.40119
1.6	0.47	3.6	1.28093	11	2.39789	40	3.68888
1.7	0.53063	3.7	1.30833	12	2.48491	50	3.91202
1.8	0.58779	3.8	1.335	13	2.56495	60	4.09434
1.9	0.64185	3.9	1.36097	14	2.6395	70	4.24849
2	0.69314	4	1.38629	15	2.70805	80	4.38202
2.1	0.74193	4.1	1.41099	16	2.77259	90	4.49981
2.2	0.78845	4.2	1.43508	17	2.83321	100	4.60517
2.3	0.83291	4.3	1.45861	18	2.89037	200	5.29832
2.4	0.87547	4.4	1.4816	19	2.94444	300	5.70378
2.5	0.91629	4.5	1.50408	20	2.99573	400	5.99146
2.6	0.95551	4.6	1.52605	21	3.04452	500	6.21461
2.7	0.99325	4.7	1.54756	22	3.09104	600	6.39693
2.8	1.02962	4.8	1.56861	23	3.13549	700	6.55108
2.9	1.06471	4.9	1.58923	24	3.17805	800	6.6846

平面幾何 (plane geometry)

平面幾何とは、2次元平面上で考える距離の概念をいう。

- **重心**
  重心とは、三角形の各頂点と対辺の中点を結ぶ線分の交点をいう。

  AG：A'G＝BG：B'G＝CG：C'G＝2：1

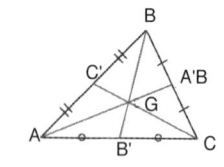

- **外心**
  外心とは、各辺の垂直2等分線の交点であり、三角形の外接円の中心である。

  OA＝OB＝OC （O：外心）

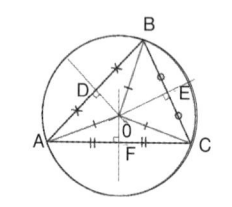

- **内心**
  内心とは、各内角の2等分線の交点であり、三角形の内接円の中心である。

  ID＝IE＝IF （I：内心）

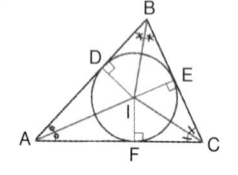

- **中線の定理**
  三角形ABCの辺BCの中点をMとすると、次式で表される。

  $AB^2+AC^2=2(AM^2+BM^2)$

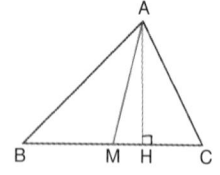

- **円周角の定理**
  円周角＝$\frac{1}{2}$中心角であり、
  半円の円弧に対する周偏角は90°である。

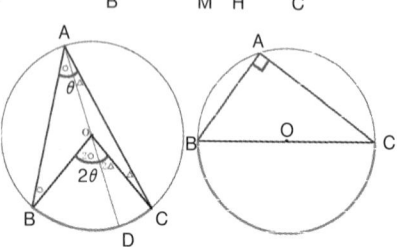

論理演算 (logical operation)

論理演算とは、2つ以上の1または0入力値に対して、1つの演算結果（1または0）を出力する演算のことである。

論理演算の種類に、論理積（AND）、論理和（OR）と否定（NOT）の3種類がある。また、論理積（AND）、論理和（OR）と否定（NOT）を組み合わせた否定論理積（NAND）、否定論理和（NOR）と排他的論理和（EOR、XOR）がある。

論理積 (AND)

論理積（AND）は、入力値がすべて1のときに1を出力する。それ以外の入力値のときは0を出力する。

論理記号　　　論理式　　　　　　真理値表　　　　　　ベーン図

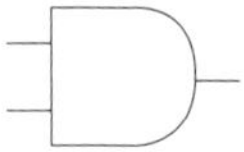

$A \cdot B$

A	B	A・B
0	0	0
0	1	0
1	0	0
1	1	1

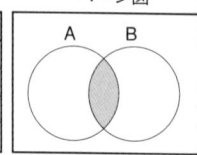

論理和 (OR)

論理和（OR）は、入力値にいずれか1が入力されたときに1を出力する。それ以外の入力値のときは0を出力する。

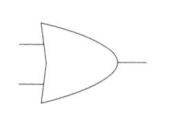

$A+B$

A	B	A+B
0	0	0
0	1	1
1	0	1
1	1	1

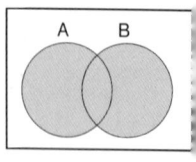

否定 (NOT)

否定（NOT）は入力された値が1なら0に、0なら1に反転する。

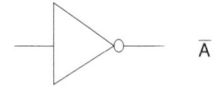

$\overline{A}$

A	$\overline{A}$
0	1
1	0

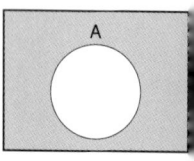

否定論理積 (NAND)

否定論理積 (NAND) は、AND出力を否定 (NOT) したものである。すべての入力値が1のとき0を出力する。それ以外のときは1を出力する。

論理記号　　　　論理式　　　　　　真理値表　　　　　　ベーン図

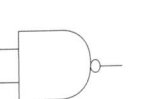

$\overline{A \cdot B}$

A	B	A·B	$\overline{A \cdot B}$
0	0	0	1
0	1	0	1
1	0	0	1
1	1	1	0

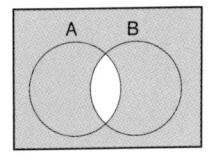

否定論理和 (NOR)

否定論理和 (NOR) は、OR出力を否定 (NOT) したものである。すべての入力値が0のとき1を出力する。それ以外のときは0を出力する。

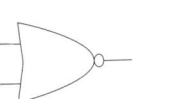

$\overline{A+B}$

A	B	A·B	$\overline{A+B}$
0	0	0	1
0	1	1	0
1	0	1	0
1	1	1	0

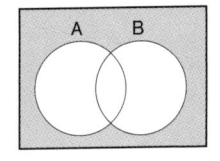

排他的論理和 (XOR)

排他的論理和は、入力値が違うとき1を出力する。それ以外（入力値が同じとき）は0を出力する。

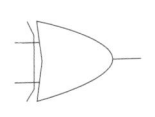

$A \oplus B$
$= (A+B) \cdot \overline{(A \cdot B)}$
$= \overline{A} \cdot B + A \cdot \overline{B}$

A	B	A⊕B
0	0	0
0	1	1
1	0	1
1	1	0

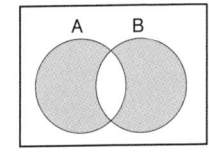

Chapter 3

電気の基礎

オームの法則
直流回路の計算
電気抵抗
フレミングの法則
静電気と帯電列

オームの法則 (Ohm's law)

> オームの法則とは、ドイツの電気学者オームが発見した法則で、回路に流れる電流は、起電力に比例し抵抗に反比例するという特性のことをいう。つまり、電気抵抗が大きいほど、電気は通りにくいということである。

$$I = \frac{V}{R}$$

V:電圧、 I:電流、 比例定数1/R
ここで、Rは電流の流れにくさを表し、電気抵抗または抵抗という。
また、抵抗の逆数$G = 1/R$をコンダクタンスといい、単位はジーメンスを用いる。

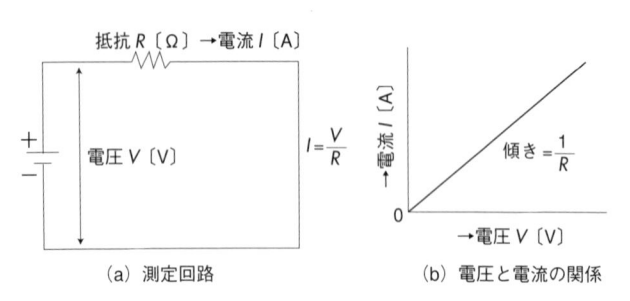

(a) 測定回路

(b) 電圧と電流の関係

直流回路 (Direct current circuit) の計算

> 直流回路とは、直流の電源（複数の場合がある）のみを持った電気回路のことをいう。

電気回路に2つ以上の抵抗を接続する場合、次の2つに大別できる。
・直列接続
・並列接続

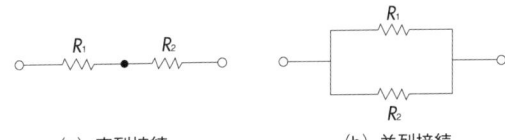

(a) 直列接続　　　　(b) 並列接続

直列接続

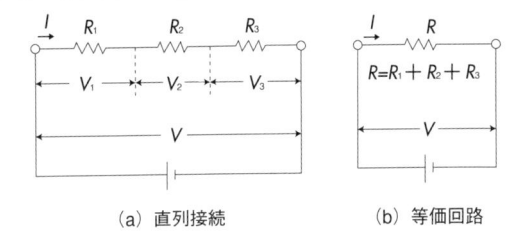

$V_1 = R_1 I$ 〔V〕　　$V_2 = R_2 I$ 〔V〕　　$V_3 = R_3 I$ 〔V〕

したがって、回路全体に加わる電圧は、次式で表される。

$V = V_1 + V_2 + V_3 = (R_1 + R_2 + R_3) I$

(a) 直列接続　　　　(b) 等価回路

並列接続

$I_1 = \dfrac{V}{R_1}$ 〔A〕　　$I_2 = \dfrac{V}{R_2}$ 〔A〕　　$I_3 = \dfrac{V}{R_3}$ 〔A〕

したがって、回路に流れる電流は、次式で表される。

$I = I_1 + I_2 + I_3 = \left(\dfrac{1}{R_1} + \dfrac{1}{R_2} + \dfrac{1}{R_3} \right) V$

(a) 並列接続　　　　(b) 等価回路

電気抵抗 (electric resistance)

> 電気抵抗とは、抵抗器に電流を流すとき、その電流の流れにくさを示す値である。

温度が一定の場合、材料が同じでも材料の断面積や長さによって抵抗が変化する。線状導体の抵抗R〔Ω〕は次式で表される。

$$R = \rho \frac{\ell}{A} \; \text{〔Ω〕}$$

A:断面積、　ℓ : 長さ、　ρ : 比例定数（単位断面積当たりの抵抗率）〔Ω・m〕

代表的な金属の抵抗率（at 20℃）

金属	抵抗率 ρ 〔×10⁻⁸ Ω・m〕
銀	1.62
銅	1.72
金	2.4
アルミニウム	2.75
マグネシウム	4.5
亜鉛	5.9
ニッケル	7.24
純鉄	9.8
白金	10.6

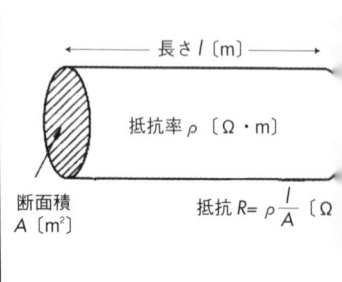

樹脂の分野では、電気抵抗率のことを体積抵抗率あるいは体積固有抵抗と呼ぶ。樹脂の体積抵抗率は、『プラスチック材料の物性』を参照のこと。

フレミングの法則(Fleming's law)

フレミングの法則とは、電流、電圧、抵抗の関係を示したものであり、右手の法則と左手の法則がある。

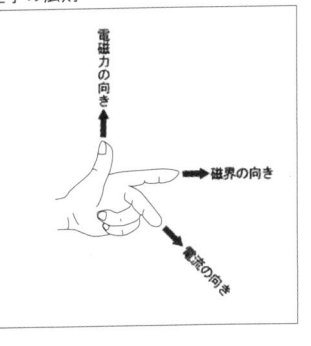

左手の法則

磁界の中で導線に電気が流れると、導線を動かす力が生まれる。
＝モータの回る原理

右手の法則

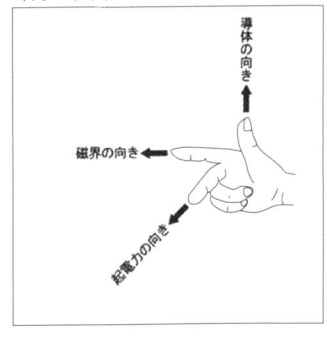

導線を磁場の中で動かすと、導線に電流が流れる。
＝発電機の原理

静電気 (static electricity) と帯電列

> 静電気とは電荷の空間的移動がわずかであって、それによる磁界の効果が電界の効果に比べて無視できるような電気をいう。つまり、物体にたまったまま動かない（帯電状態）電気のことである。

静電気の発生原因は、接触帯電や摩擦帯電、剥離帯電、物体の変形や破損による分極などがある。

接触帯電

２つの物体が接触することで、物質を+極または-極に帯電を起こす現象である。

異なった物質同士の接触により起こる現象で、全く同じ物質同士では電荷は発生しない。

摩擦帯電に比べると電荷量は微量であるが、静電気障害の可能性はある。

摩擦帯電

接触面が摺りあわされることで、次の間で起こる帯電現象である。
帯電量は、接触帯電に比べてはるかに大きい。
① 絶縁体間
② 絶縁体-導体間
③ 導体間

剥離帯電

接触している物体を剥離（分離）させるときに強い帯電現象が発生する。
（例：保護フィルムをはがす時など）
密着度が高いほど、剥離速度が大きいほど帯電量が大きくなる。

帯電列

２つの物質が接触や摩擦によって帯電する場合、物質はその性質で+極に帯電するのか、-極に帯電するのかが決まる。
注）この帯電列の順位は再現性があるものではなく、温度や湿度、物体の形状や表面状態でも変化するので注意が必要である。

正(＋) → 負(−)
空気、人間、ガラス、ナイロン、毛皮、鉛、絹、アルミニウム、木綿、鋼、木、コハク、ニッケル・銅、錫・銀、金・プラチナ、硫黄、アセテート、ポリエステル、セルロイド、ウレタン、ポリエチレン、ビニル、シリコーン、テフロン

Chapter 4

力学の基礎

力のつりあい
物体の運動
円運動
引張り応力・圧縮応力・せん断応力
曲げモーメント
断面二次モーメント・断面係数
軸のたわみ量とたわみ角

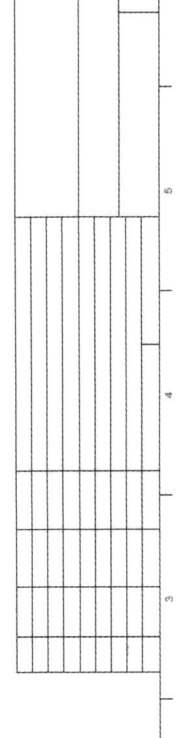

力のつりあい

力のつりあいとは、物体に複数の力が働いていて、しかも物体が動いていない状態のことをいう。

質量とは、物質の量であり、運動の変化に対する抵抗の大きさを表すものである。

重量とは、与えられた質量に働く地球の引力の尺度である。

斜面上の物体のつりあい

$Gx = mg \sin \theta$
$Gy = mg \cos \theta$

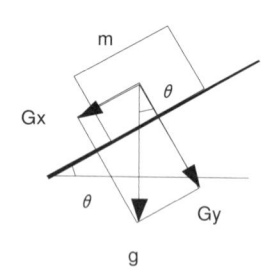

糸で吊り下げられた物体のつりあい

$T = G$

<水平方向>
$T_1 \cos \theta_1 = T_2 \cos \theta_2$

<垂直方向>
$T_1 \sin \theta_1 + T_2 \sin \theta_2 = T$

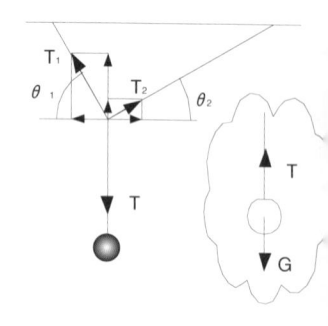

物体の運動

物体の運動とは、位置が時間とともに変化する現象をいう。

自由落下
自由落下とは、初速度 $v_0 = 0$　加速度 $a = g$ の等加速度運動をいう。

$$v = gt \qquad y = \frac{1}{2}gt^2$$

投げ上げ運動
鉛直上向きを正とする。加速度は負（$-g$）
最高点では $v=0$ となる。
元の高さに戻ったとき、$y=0$

$$v = v_0 - gt$$
$$y = v_0 t - \frac{1}{2}gt^2$$
$$v^2 - v_0^2 = -2gy$$

水平に投げ出した物体の運動
<水平方向>・・・等速運動

$$v_x = v_0$$
$$x = v_0 t$$

<垂直方向>・・・自由落下

$$v_y = gt$$
$$y = \frac{1}{2}gt^2$$

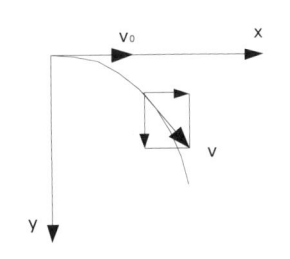

円運動

> 円運動とは、向心力(すなわちある一点を中心として回転運動する物体に対し、物体から中心へ向かう向きに働く力)が働くことにより引き起こされる現象をいう。
> 円運動における向心力は、遠心力と同じ大きさで方向が逆である。

速度

半径 r (m) の軌道上を角速度 ω (rad/s) で等速運動している物体の速度 v (m/s) は次式で表される。

$v = r\omega$

周期

上記の場合の周期は、次式で表される。

$$T = \frac{2\pi}{\omega} = \frac{2\pi r}{v}$$

加速度

上記の等速円運動をしている物体に生じる加速度 a は、円の中心向きに次式で表される。

$$a = r\omega^2 = \frac{v^2}{r}$$

円運動の運動方程式

$mr\omega^2 = F$ (向心力)　　あるいは $m\dfrac{v^2}{r} = F$

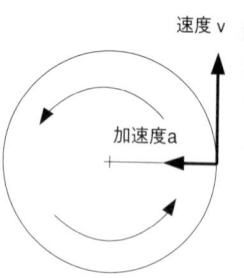

引張り応力（Tensile strength）・ 圧縮応力（Compressive strength）
せん断応力（Shear strength）

> 引張り応力とは、材料に引張り荷重が作用したときに生じる応力をいう。
> 圧縮応力とは、材料に圧縮荷重が作用したときに生じる応力をいう。
> せん断応力とは、材料にせん断力（はさみで物を切断するようにごく接近した2点に働く平行力のこと）によって生じる応力のことをいう。

引張り応力・圧縮応力

$$\sigma = \frac{W}{A} \quad (N/mm^2)$$

せん断応力

せん断荷重F（N）が生じる場合，断面積Aの軸にかかるせん断応力 τ（N/mm²）は次式で表される。

$$\tau = \frac{F}{A} \quad (N/mm^2)$$

曲げモーメント（bending moment）

> モーメントとは、ある軸から離れた位置に作用する外力とその作用点までの距離の積をいう。
> 曲げモーメントとは、外力によって生じるモーメントによって、はりが曲がることをいう。

断面の形状に関係する係数（断面係数）をZ、曲げモーメントをMとすると、最大曲げ応力（σ_{max}）は、次のように表される。

$$\sigma_{max} = \frac{M}{Z} \quad (\text{N/mm}^2)$$

断面二次モーメント（geometrical moment of inertia）・断面係数（section modules）

　断面二次モーメントとは、慣性モーメントとも呼ばれ、部材の曲げに対する強さは断面の大きさだけでなくその断面の性質によって定まり、その断面の形状（性質）によって曲げに対する強さは異なる。このような曲げに対する断面の性質のことをいう。

　断面係数とは、断面二次モーメントを中立軸から距離で割った係数をいい、曲げモーメントを断面係数で割ると曲げ応力が求められる。

断 面	断面積 A	重心の距離 e	断面二次モーメント I	断面係数 $Z=I/e$
長方形	bh	$\dfrac{h}{2}$	$\dfrac{bh^3}{12}$	$\dfrac{bh^2}{6}$
正方形	h^2	$\dfrac{h}{2}$	$\dfrac{h^4}{12}$	$\dfrac{h^3}{6}$
ひし形	h^2	$\dfrac{h}{2}\sqrt{2}$	$\dfrac{h^4}{12}$	$0.1179\,h^3 = \dfrac{\sqrt{2}}{12}h^3$
三角形	$\dfrac{bh}{2}$	$\dfrac{2}{3}h$	$\dfrac{bh^3}{36}$	$\dfrac{bh^2}{24}$
台形	$(2b+b_1)\dfrac{h}{2}$	$\dfrac{1}{3}\times\dfrac{3b+2b_1}{2b+b_1}h$	$\dfrac{6b^2+6bb_1+b_1^{\,2}}{36\,(2b+b_1)}h^3$	$\dfrac{6b^2+6bb_1+b_1^{\,2}}{12\,(3b+2b_1)}h^2$

断面	断面積 A	重心の距離 e	断面二次モーメント I	断面係数 $Z=I/e$
(六角形 縦)	$\dfrac{3\sqrt{3}}{2}t^2$ $=2.598t^2$	$\sqrt{\dfrac{3}{4}}t$ $=0.866t$	$\dfrac{5\sqrt{3}}{16}t^4$ $=0.5413t^4$	$\dfrac{5}{8}t^3$
(六角形 横)		t		$\dfrac{5\sqrt{3}}{16}t^3$ $=0.5413t^3$
(八角形)	$2.828t^2$	$0.924t$	$\dfrac{1+2\sqrt{2}}{6}t^4$ $=0.6381t^4$	$0.6906t^3$
(正八角形)	$0.8284a^2$	$b=\dfrac{a}{1+\sqrt{2}}$ $=0.4142a$	$0.0547a^4$	$0.1095a^3$
(円)	$\pi r^2 = \dfrac{\pi d^2}{4}$	$\dfrac{d}{2}$	$\dfrac{\pi d^4}{64}=\dfrac{\pi r^4}{4}$ $=0.0491d^4$ $\fallingdotseq 0.05d^4$ $=0.7854r^4$	$\dfrac{\pi d^3}{32}=\dfrac{\pi r^3}{4}$ $=0.0982d^3$ $\fallingdotseq 0.1d^3$ $=0.7854r^3$
(四分円)	$r^2\left(1-\dfrac{\pi}{4}\right)$ $=0.2146r^2$	$e_1=0.2234r$ $e_2=0.7766r$	$0.0075r^4$	$\dfrac{0.0075r^4}{e_2}$ $=0.00966r^3$ $\fallingdotseq 0.01r^3$
(楕円)	πab	a	$\dfrac{\pi}{4}ba^3=0.7854ba^3$	$\dfrac{\pi}{4}ba^2=0.7854ba^2$

断 面	断面積 A	重心の距離 e	断面二次モーメント I	断面係数 $Z=I/e$
	$\dfrac{\pi}{2}r^2$	$e_1=0.4244r$ $e_2=0.5756r$	$\left(\dfrac{\pi}{8}-\dfrac{8}{9\pi}\right)r^4$ $=0.1098r^4$	$Z_1=0.2587r^3$ $Z_2=0.1908r^3$
	$\dfrac{\pi}{4}r^2$	$e_1=0.4244r$ $e_2=0.5756r$	$0.055r^4$	$Z_1=0.1296r^3$ $Z_2=0.0956r^3$
	$b(H-h)$	$\dfrac{H}{2}$	$\dfrac{b}{12}(H^3-h^3)$	$\dfrac{b}{6H}(H^3-h^3)$
	A^2-a^2	$\dfrac{A}{2}$	$\dfrac{A^4-a^4}{12}$	$\dfrac{1}{6}\left(\dfrac{A^4-a^4}{A}\right)$
	A^2-a^2	$\dfrac{A}{2}\sqrt{2}$	$\dfrac{A^4-a^4}{12}$	$\dfrac{A^4-a^4}{12A}\sqrt{2}$ $=0.1179\dfrac{A^4-a^4}{A}$
	$\dfrac{\pi}{4}(d_2^2-d_1^2)$	$\dfrac{d_2}{2}$	$\dfrac{\pi}{64}(d_2^4-d_1^4)$ $=\dfrac{\pi}{4}(R^4-r^4)$	$\dfrac{\pi}{32}\left(\dfrac{d_2^4-d_1^4}{d_2}\right)$ $=\dfrac{\pi}{4}\times\dfrac{R^4-r^4}{R}$
	$a^2-\dfrac{\pi d^2}{4}$	$\dfrac{a}{2}$	$\dfrac{1}{12}\left(a^4-\dfrac{3\pi}{16}d^4\right)$	$\dfrac{1}{6a}\left(a^4-\dfrac{3\pi}{16}d^4\right)$

断 面	断面積 A	重心の距離 e	断面二次モーメント I	断面係数 $Z=I/e$
	$2b(h-d)$ $+\dfrac{\pi}{4}d^2$	$\dfrac{h}{2}$	$\dfrac{1}{12}\left\{\dfrac{3\pi}{16}d^4+b(h^3-d^3)\right.$ $\left.+b^3(h-d)\right\}$	$\dfrac{1}{6h}\left\{\dfrac{3\pi}{16}d^4+b(h^3-d^3)\right.$ $\left.+b^3(h-d)\right\}$
	$2b(h-d)+$ $\dfrac{\pi}{4}(d_1^2-d^2)$	$\dfrac{h}{2}$	$\dfrac{1}{12}\left\{\dfrac{3\pi}{16}(d_1^4-d^4)\right.$ $+b(h^3-d_1^3)$ $\left.+b^3(h-d_1)\right\}$	$\dfrac{1}{6h}\left\{\dfrac{3\pi}{16}(d_1^4-d^4)\right.$ $+b(h^3-d_1^3)$ $\left.+b^3(h-d_1)\right\}$
	$HB-hb$	$\dfrac{H}{2}$	$\dfrac{1}{12}(BH^3-bh^3)$	$\dfrac{1}{6H}(BH^3-bh^3)$
	$HB+hb$	$\dfrac{H}{2}$	$\dfrac{1}{12}(BH^3-bh^3)$	$\dfrac{1}{6H}(BH^3-bh^3)$
	HB $-b(e_2+h)$	$e_2=H-e_1$ $e_1=\dfrac{1}{2}\times\dfrac{aH^2+bt^2}{aH+bt}$	$\dfrac{1}{3}(Be_1^3-bh^3$ $+ae_2^3)$	$Z_1=\dfrac{I}{e_1}$ $Z_2=\dfrac{I}{e_2}$

軸のたわみ量（flexible shaft）とたわみ角

> 軸のたわみ量とは、外力を受けたはりの変位量をいう。
> 軸のたわみ角とは、変位したはりの傾きをいう。

無荷重のとき中心線と曲がったときのたわみは、次式で表される。

$$\delta_{max} = K \frac{Wl^3}{EI}$$

I：断面二次モーメント

はりの種類	たわみの係数K	δ_{max}の位置
片持ちばり（集中荷重）	1/3	自由端
片持ちばり（分布荷重 $wl=W$）	1/8	自由端
単純支持ばり（集中荷重 W）	1/48	中央
単純支持ばり（分布荷重 $wl=W$）	5/384	中央
両端固定ばり（集中荷重 W）	1/192	中央
両端固定ばり（分布荷重 $wl=W$）	1/384	中央

はり	最大たわみ角 θ	最大たわみ δ
単純支持ばり 集中荷重P（中央）、長さL	$\dfrac{PL^2}{16EI}$	$\dfrac{PL^3}{48EI}$
単純支持ばり 分布荷重w、長さL	$\dfrac{WL^3}{24EI}$	$\dfrac{5WL^4}{384EI}$
片持ちばり 集中荷重P（自由端）、長さL	$-\dfrac{PL^2}{2EI}$	$\dfrac{PL^3}{3EI}$
片持ちばり 分布荷重w、長さL	$-\dfrac{WL^3}{6EI}$	$\dfrac{WL^4}{8EI}$

Chapter 5

機械製図の基礎

図面の大きさ・尺度
断面図にしないもの
幾何公差の種類
二乗平均による公差解析
センター穴
電気めっきを表す記号
加工記号
溶接記号
普通許容差
穴の公差域クラス
軸の公差域クラス

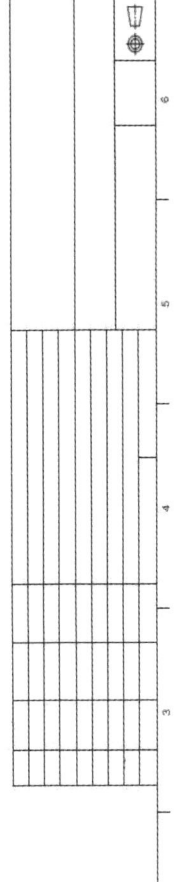

図面の大きさ・尺度 (scale)

> 製図用紙のサイズや様式はJIS Z 8311に規定されている。
> 図面の大きさはA列サイズの長辺を左右方向(横向き)に置いて用いる。ただし、A4は短辺を左右方向(縦向き)に置いて用いてもかまわない。
> 尺度とは、図形の大きさと対象物の割合をいう。

JISで規定される図面の大きさと種類

A列サイズ (第一優先)

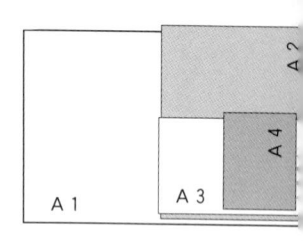

呼び	短辺×長辺
A0	841×1189
A1	594×841
A2	420×594
A3	297×420
A4	210×297

特別延長サイズ (第二優先)

呼び	短辺×長辺
A3X3	420×891
A3X4	420×1189
A4X3	297×630
A4X4	297×841
A4X5	297×1051

JISで規定される図面の推奨尺度

種類	推奨尺度		
倍尺	50:1	20:1	10:1
	5:1	2:1	
現尺	1:1		
縮尺	1:2	1:5	1:10
	1:20	1:50	1:100
	1:200	1:500	1:1000
	1:2000	1:5000	1:10000

断面図 (sectional view) にしないもの

断面図とは、投影対象物を垂直に切って断面を示した図面をいう。
JISには、次のように記されている。
①隠れた部分をわかりやすくするために、断面図として図示することができる。
②切断したために理解を妨げるもの、または切断しても意味のないものは長手方向に切断しない。

JISでは、軸、ピン、ボルト、リベット、キー、コッタ、リブ、車の腕、歯車の歯などは長手方向に切断しない。

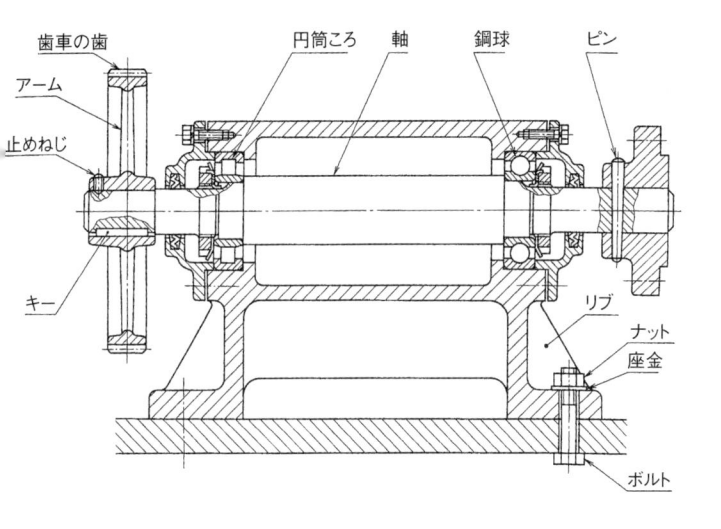

歯車の歯　　円筒ころ　軸　　鋼球　　ピン
アーム
止めねじ
キー
リブ
ナット
座金
ボルト

幾何公差(geometrical tolerance)の種類

> 幾何公差とは、形体を完全に正しい形状（幾何学的に正しい直線、円、平面など）に対して、対象物の形状や位置の狂い（幾何偏差）に明確な定義を与え、その幾何偏差の許容値（幾何公差）の表示ならびに図示法について定めたものである。

幾何公差の種類	記号	定義
1. 真直度公差	―	直線形体の幾何学的に正しい直線からのひらきの許容値。
2. 平面度公差	▱	平面形体の幾何学的に正しい平面からのひらきの許容値。
3. 真円度公差	○	円形体の幾何学的に正しい円からのひらきの許容値。
4. 円筒度公差	⌭	円筒形体の幾何学的に正しい円筒からのひらきの許容値。
5. 線の輪郭度公差	⌒	理論的に正確な寸法によって定められた幾何学的輪郭からの線の輪郭のひらきの許容値。
6. 面の輪郭度公差	⌒	理論的に正確な寸法によって定められた幾何学的輪郭からの面の輪郭のひらきの許容値。
7. 平行度公差	//	データム直線またはデータム平面に対して平行な幾何学的直線または幾何学的平面からの平行であるべき直線形体または平面形体のひらきの許容値。
8. 直角度公差	⊥	データム直線またはデータム平面に対して直角な幾何学的直線または幾何学的平面からの直角であるべき直線形体または平面形体のひらきの許容値。
9. 傾斜度公差	∠	データム直線またはデータム平面に対して理論的に正確な角度をもつ幾何学的直線または幾何学的平面からの理論的に正確な角度をもつべき直線形体または平面形体のひらきの許容値。
10. 位置度公差	⌖	データムまたは他の形体に関連して定められた理論的に正確な位置からの点、直線形体、または平面形体のひらきの許容値。
11. 同軸度公差または同心度公差	◎	同軸度公差は、データム軸直線と同一直線上にあるべき軸線のデータム軸直線からのひらきの許容値。また、同心度公差は、データム円の中心に対する他の円形形体の中心の位置のひらきの許容値。
12. 対称度公差	⚌	データム軸直線またはデータム中心平面に関して互いに対称であるべき形体の対称位置からのひらきの許容値。
13. 円周振れ公差	↗	データム軸直線を軸とする回転体をデータム軸直線のまわりに回転したとき、その表面が指定された位置または任意の位置において指定された方向に変位する許容値。
14. 全振れ公差	↗↗	データム軸直線を軸とする回転体をデータム軸直線のまわりに回転したとき、その表面が指定された方向に変位する許容値。

二乗平均による公差解析 (Tolerance analysis)

> 公差解析とは、寸法バラツキのある複数の部品を組み立てる場合、寸法公差および幾何公差を設定し、それらを組み立てた際の寸法や形状のばらつきを見積もることをいう。

例えば、Aという公差が±0.5mmの部品とBという公差が±0.5mmの部品を重ねたときの高さのばらつきはいくらか？

単純に、公差の最大値と最小値の差を考慮すると、A+Bの高さのばらつきは±1になる。これを、算術的な公差と呼ぶ。

ここで、それぞれの部品のばらつきは正規分布すると仮定すれば、最悪条件の部品同士が重なる確率は極めて低いと考えられる。

このような統計的手法の考えを盛り込んだ「二乗平均による統計的な公差解析」を用いてA+Bの高さバラツキSを解析すると次のようになる。

$$S = \sqrt{0.5^2 + 0.5^2} = 0.71$$

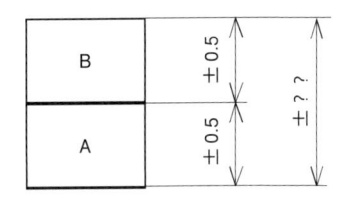

よって、統計的な考えを盛り込んだ公差解析では、ほとんどの場合、A+Bの高さのばらつきは、±0.71に納まると判断できる。

注）上記は、2次元平面での考え方であり、実際の機構を解析する場合、ガタによる傾きなど3次元的に考慮しなければ正確な解析はできない。そのためには、3次元モデルを利用した公差解析ソフトなどの活用が有効である。

センター穴(center hole)

> センター穴とは、旋盤や円筒研削盤などで加工する際の、加工基準となるための穴である。センター穴の精度次第で、「真円度」「円筒度」「寸法精度」「表面粗度」に影響がでる。

R 型：円弧形状によるもの

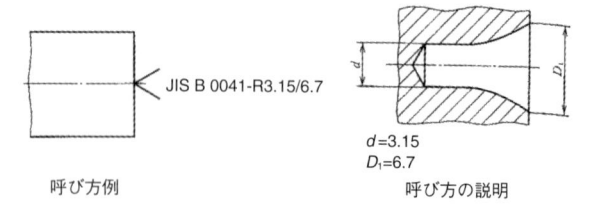

JIS B 0041-R3.15/6.7

呼び方例

d=3.15
D_1=6.7

呼び方の説明

A 型：面取りを持たないもの

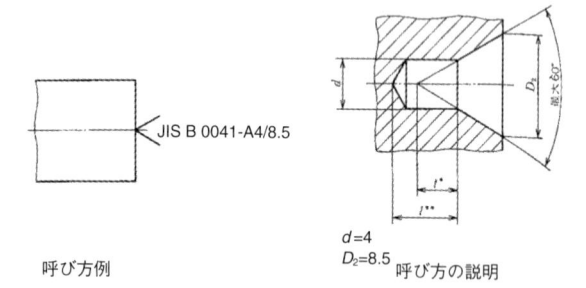

JIS B 0041-A4/8.5

呼び方例

d=4
D_2=8.5

呼び方の説明

B 型：面取りを持つもの

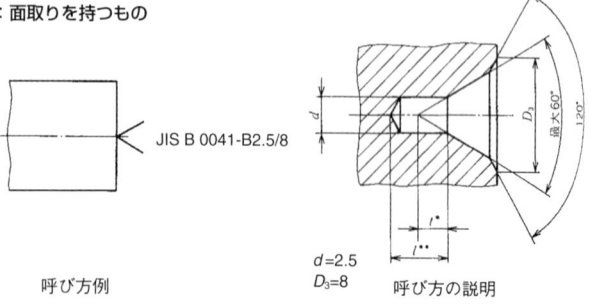

JIS B 0041-B2.5/8

呼び方例

d=2.5
D_3=8

呼び方の説明

電気めっき(electroplating)を表す記号

電気めっきとは、電気化学反応によって金属イオンから金属を析出させて鋼板を被覆する方法で、防錆や装飾を目的にした処理をいう。一般的に、表面に付着させたい金属陽イオンを含む溶液中に、対象物を陰極として浸けこみ、金属を電気的に陰極表面に析出させる技術である。

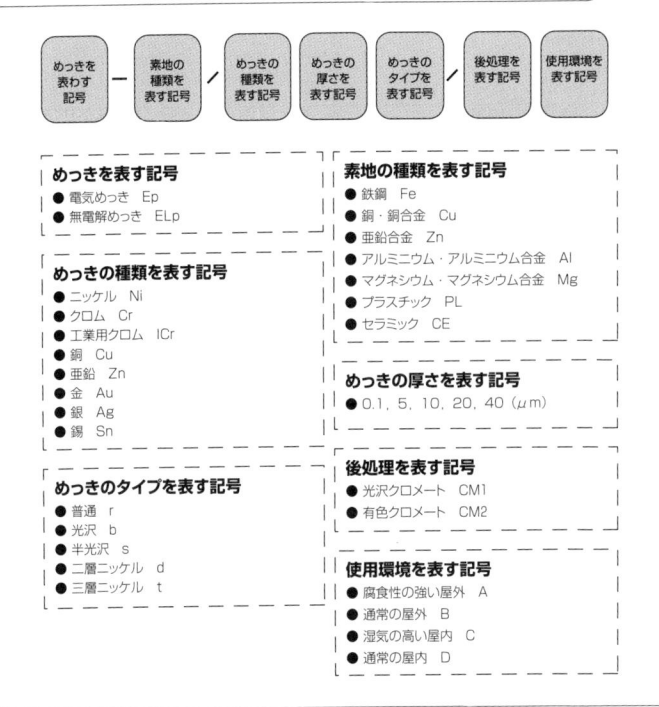

めっきを表わす記号 — 素地の種類を表す記号 / めっきの種類を表す記号 — めっきの厚さを表す記号 — めっきのタイプを表す記号 / 後処理を表す記号 — 使用環境を表す記号

めっきを表す記号
- 電気めっき Ep
- 無電解めっき ELp

めっきの種類を表す記号
- ニッケル Ni
- クロム Cr
- 工業用クロム ICr
- 銅 Cu
- 亜鉛 Zn
- 金 Au
- 銀 Ag
- 錫 Sn

めっきのタイプを表す記号
- 普通 r
- 光沢 b
- 半光沢 s
- 二層ニッケル d
- 三層ニッケル t

素地の種類を表す記号
- 鉄鋼 Fe
- 銅・銅合金 Cu
- 亜鉛合金 Zn
- アルミニウム・アルミニウム合金 Al
- マグネシウム・マグネシウム合金 Mg
- プラスチック PL
- セラミック CE

めっきの厚さを表す記号
- 0.1, 5, 10, 20, 40 (μm)

後処理を表す記号
- 光沢クロメート CM1
- 有色クロメート CM2

使用環境を表す記号
- 腐食性の強い屋外 A
- 通常の屋外 B
- 湿気の高い屋内 C
- 通常の屋内 D

記入例)
Ep-Fe/Cu 20, Ni 25b, Cr 0.1r/:A
　(電気めっき、鉄鋼素地、銅めっき20μm以上、光沢ニッケルめっき25μm以上、普通クロムめっき0.1μm以上、腐食性の高い屋外での使用)
Ep-Fe/Zn 15/CM 2:B
　(電気めっき、鉄鋼素地、亜鉛めっき15μm以上、有色クロメート処理、通常の屋外での使用)

加工記号(symbol of metal working processes)

> 加工記号とは、主として金属に対して一般に使用する二次加工以降の加工方法を図面、工程表などに記号を用いて表示する場合に用いる。(JIS B 0122)

鋳造	C	Casting
砂型鋳造	CS	Sand Mold Casting
金型鋳造	CM	Metal Mold Casting
精密鋳造	CP	Precision Casting
ダイカスト	CD	Die Casting
塑性加工 (この記号は原則省略)	P	Plastic Working
鍛造	F	Forging
自由鍛造	FF	Free Forging
型鍛造	FD	Dies Forging
プレス加工	P	Press Working
せん断	PS	Shearing
プレス抜き	PP	Punching
曲げ	PB	Bending
プレス絞り	PD	Drawing
フォーミング	PF	Forming
スタンピング (圧縮成形)	PC	Stamping
スピニング	S	Spinning
転造	RL	Rolling
圧延	R	Rolling
押出し	E	Extruding
引抜き	D	Drawing on Drawbench
機械加工 (この記号は原則省略)	M	Machining
切削 (この記号は原則省略)	C	Cutting
旋削	L	Lathe Turning
穴あけ (きりもみ)	D	Drilling
中ぐり	B	Boring
フライス削り	M	Milling
平削り	P	Planing
形削り	SH	Shaping
立削り	SL	Sloting
ブローチ削り	BR	Broaching
のこ引き	SW	Sawing
歯切り	TC	Toothed Wheel Cutting
研削	G	Grindinig
特殊加工	SP	Special Processing
放電加工	SPED	Electric Discharge Machining
レーザ加工	SPLB	Laser Beam Machining
手仕上げ	F	Finishing
はつり	FCH	Chipping
研磨布紙仕上げ	FCA	Coated Abrasive Finishing
やすり仕上げ	FF	Filing
ラップ仕上げ	FL	Lapping
つや出し	FP	Polishing
リーマ仕上げ	FR	Reaming
きさげ仕上げ	FS	Scraping
ブラッシ仕上げ	FB	Brushing
表面処理	S	Surface Treatment
洗浄	SC	Cleaning
研磨	SP	Polishing
塗装	SPA	Painting
めっき	SPL	Plating

溶接記号 (welding symbol)

> 溶接記号とは、溶接の種類、開先形状、位置、寸法、溶接長さ、ビード表面の状態、裏面溶接の有無、工場溶接か現場溶接か、その他の必要事項を明示するための記号である。

溶接部の形状	基本記号	備考
両フランジ形	八	―
片フランジ形	儿	
I形	‖	アプセット溶接、フラッシュ溶接、摩擦圧接などを含む。
V形、X形(両面V形)	∨	X形は説明線の基線(以下、基線という。)に対称にこの記号を記載する。アプセット溶接、フラッシュ溶接、摩擦圧接などを含む。
⌇形、K形(両面⌇形)	V	K形は基線に対称にこの記号を記載する。記号の縦の線は左側に書く。アプセット溶接、フラッシュ溶接、摩擦圧接などを含む。
J形、両面J形	⊍	両面J形は基線に対称にこの記号を記載する。 記号の縦の線は左側に書く。
U形、H形(両面U形)	⋃	H形は基線に対称にこの記号を記載する。
フレアV形 フレアX形	⌣	フレアX形は基線に対称にこの記号を記載する。
フレア⌇形 フレアK形	⟋	フレアK形は基線に対称にこの記号を記載する。 記号の縦の線は左側に書く。
すみ肉	◿	記号の縦の線は左側に書く。 並列継続すみ肉溶接の場合は基線に対称にこの記号を記載する。ただし、千鳥継続すみ肉溶接の場合は、右の記号を用いることができる。
プラグ、スロット	⊓	
ビード肉盛	⌒	肉盛溶接の場合は、この記号を二つ並べて記載する。
スポット、プロジェクション、シーム	✳	重ね継手の抵抗溶接、アーク溶接、電子ビーム溶接などによる溶接部を表す。ただし、すみ肉溶接を除く。 シーム溶接の場合は、この記号を二つ並べて記載する。 なお、特に表示に問題がない場合には、スポット溶接の場合は、○の記号を、また、シーム溶接の場合は、⊖ の記号を記載する。

区分		補助記号	備考
溶接部の表面形状	平ら 凸 へこみ	─ ⌒ ⌒	基線の外に向かって凸とする。 基線の外に向かってへこみとする。
溶接部の仕上方法	チッピング 研削 切削 指定せず	C G M F	グラインダ仕上げの場合。 機械仕上げの場合。 仕上方法を指定しない場合。
現場溶接		▶	
全周溶接		○	全周溶接が明らかなときは省略してもよい。
全周現場溶接		▶○	
非破壊試験方法	放射線透過試験 一般 二重壁撮影	RT RT-W	一般は溶接部に放射線透過試験など各試験の方法を示すだけで内容を表示しない場合。 各記号以外の試験については、必要に応じて適宜な表示を行うことができる。 例) 　漏れ試験　LT 　ひずみ測定試験　SM 　目視試験　VT 　アコースティックエミッション試験　AET 　渦流探傷試験　ET
	超音波探傷試験 一般 垂直探傷 斜角探傷	UT UT-N UT-A	
	磁粉探傷試験 一般 蛍光探傷	MT MT-F	
	浸透探傷試験 一般 蛍光探傷 非蛍光探傷	PT PT-F PT-D	
全線試験		○	各試験の記号の後に付ける。
部分試験(抜取試験)		△	

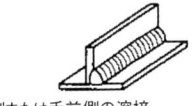

a) 矢の側または手前側の溶接
　　（実形）

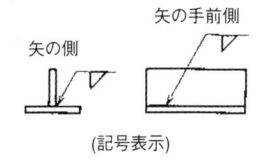

(記号表示)

矢の側　　矢の手前側

b) 矢の反対側または向こう側の溶接

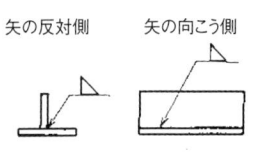

矢の反対側　　矢の向こう側

両フランジ形	記号	八	二つの1/4円を向かい合わせに書く。
溶接部	実形		記号表示
矢の側又は手前側			
矢の反対側又は向こう側			

片フランジ形	記号	八	1/4円とその円の半径に等しい直線を向かい合わせに書く。
溶接部	実形		記号表示
矢の側又は手前側			
矢の反対側又は向こう側			

I 形	記号	‖	基線に対し90度に平行線を書く。

溶接部	実形	記号表示
矢の側又は手前側		
矢の反対側又は向こう側		
両面		
ルート間隔2mmの場合		
ルート間隔2mmの場合		
フラッシュ溶接	フラッシュ溶接 / フラッシュ溶接	‖ フラッシュ溶接 / ‖ フラッシュ溶接
摩擦圧接		‖ 摩擦圧接

V形	記号	∨	記号の角度は90度とする。

溶接部	実形	記号表示
矢の側又は手前側		
矢の反対側又は向こう側		
板厚19mm 開先深さ16mm 開先角度60度 ルート間隔2mmの場合	60°、19、16、2	16 / 60
完全溶込み溶接 板厚12mm 裏当て金使用 開先角度45度 ルート間隔4.8mm 仕上方法切削 の場合	この部分を切削仕上げ 45°、12、4.8	12 / 45 / M
部分溶込み溶接 板厚12mm 開先深さ5mm 開先角度60度 ルート間隔0mmの場合	60°、12、5、0	⑤ / 60

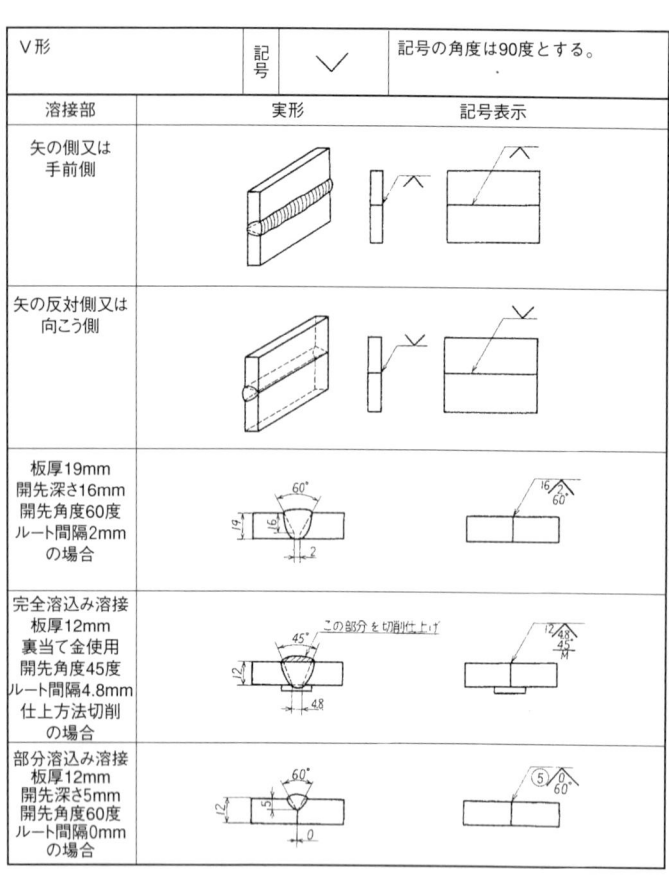

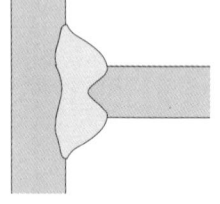

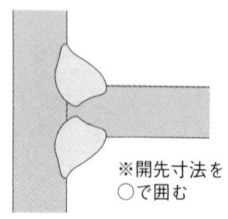

完全溶け込み溶接

部分溶け込み溶接

※開先寸法を○で囲む

X形	記号	×	記号の角度は90度とする。

溶接部	実形	記号表示
両面		
開先深さ 矢の側16mm 矢の反対側9mm 開先角度 矢の側60度 矢の反対側90度 ルート間隔3mm の場合		
フラッシュ溶接 開先深さ3mm 開先角度90度 ルート間隔0mm の場合		
摩擦圧接 開先深さ3mm 開先角度90度 ルート間隔0mm の場合		

レ形	記号	V	垂直線とそれに45度に交わる直線として頭をそろえる。

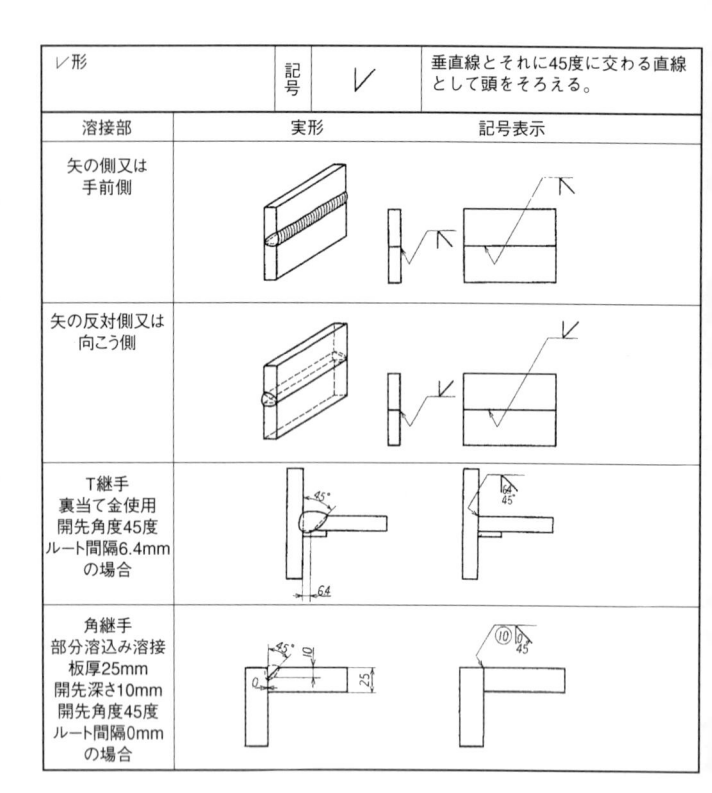

溶接部	実形	記号表示
矢の側又は手前側		
矢の反対側又は向こう側		
T継手 裏当て金使用 開先角度45度 ルート間隔6.4mmの場合		
角継手 部分溶込み溶接 板厚25mm 開先深さ10mm 開先角度45度 ルート間隔0mmの場合		

　次の場合は、矢を折れ線とし、開先を取る面、またはフレアのある面に矢の先端を向ける。
・レ形、K形、J形及び両端J形において、開先を取る部分の面を指示をする必要がある場合。
・フレアレ形、及びフレアK形において、フレアのある部材の面を指示をする必要がある場合。

K形	記号	K	レ形記号を基線に対称に書く。

溶接部	実形	記号表示
両面		
矢の側 開先深さ16mm 開先角度45度 矢の反対側 開先深さ9mm 開先角度45度 ルート間隔2mm の場合		
T継手 開先深さ10mm 開先角度45度 ルート間隔2mm の場合		
T継手 部分溶込み溶接 開先深さ7mm 開先角度45度 ルート間隔0mm の場合		
フラッシュ溶接 開先深さ3mm 開先角度45度 の場合		
摩擦圧接 T継手 開先深さ7mm 開先角度45度 の場合		

J形	記号	ﾚ	1/4円を書き、足の長さは半径の1/2とする。

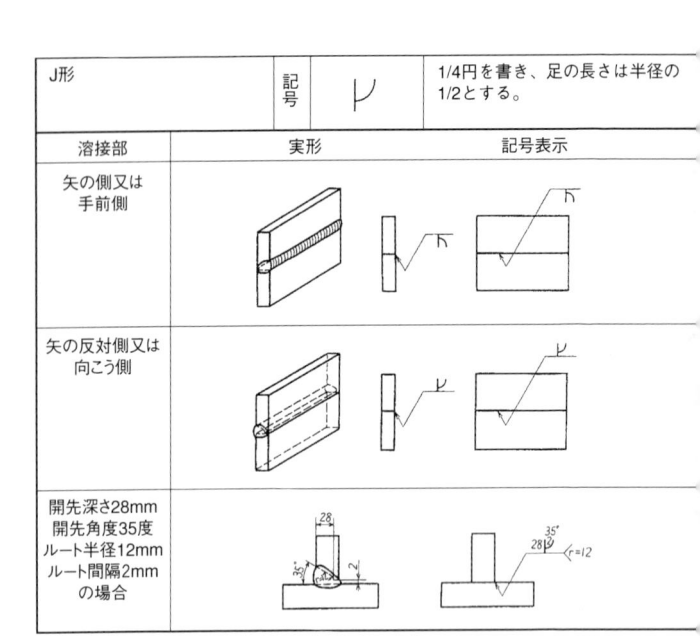

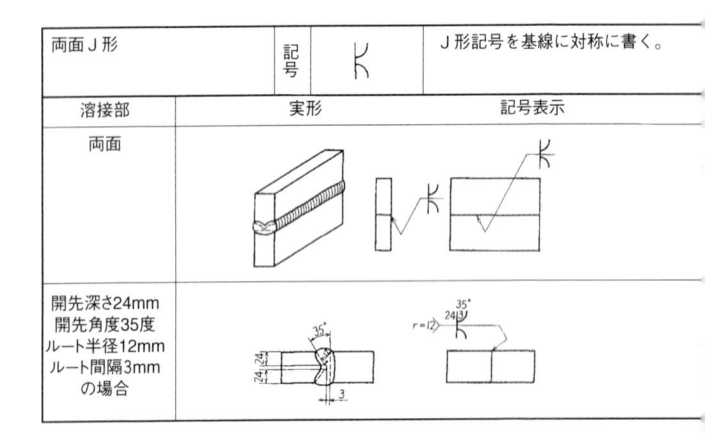

溶接部	実形	記号表示
矢の側又は手前側		
矢の反対側又は向こう側		
開先深さ28mm 開先角度35度 ルート半径12mm ルート間隔2mm の場合		$28 \underset{r=12}{\overset{35°}{\triangleright}}$

両面J形	記号	𐐢	J形記号を基線に対称に書く。

溶接部	実形	記号表示
両面		
開先深さ24mm 開先角度35度 ルート半径12mm ルート間隔3mm の場合		$r=12\ 24\underset{}{\overset{35°}{\bowtie}}$

U形	記号	∪	半円とし、足の長さは半径の1/2とする。

溶接部	実形	記号表示
矢の側又は手前側		
矢の反対側又は向こう側		
部分溶込み溶接 開先深さ27mmの場合		
完全溶込み溶接 開先角度25度 ルート半径6mm ルート間隔0mm の場合		

H形	記号	✕	U形記号を基線に対称に書く。

溶接部	実形	記号表示
両面		
部分溶込み溶接 開先深さ25mm 開先角度25度 ルート半径6mm ルート間隔0mm の場合		

フレアV形 フレアX形	記号	~( )(	フレアV形は二つの1/4円を向かい合わせに書く。 フレアX形は二つの半円を向かい合わせに書く。
溶接部	実形		記号表示
矢の側又は 手前側			
矢の反対側又は 向こう側			
両側			

フレアV形 フレアK形	記号	⼮　⼮⼮	フレアV形は直線と1/4円を書く。 フレアK形は直線と半円を書く。

溶接部	実形	記号表示
矢の側又は 手前側		
矢の反対側又は 向こう側		
両側		

すみ肉	連続(1)	記号	△	直角二等辺三角形を書く。
溶接部	実形		記号表示	

溶接部	実形	記号表示
矢の側又は手前側		
矢の反対側又は向こう側		
両側		
脚長6mmの場合		6
不等脚の場合、小さい脚の寸法を先に、大きい脚を後に書き、( )でくくる。この場合不等脚の方向が分かるように示す。		(6×12)
溶接長さ500mmの場合		500
両側脚長6mmの場合		6
両側脚長の異なる場合		6/9
片側連続溶接 片側断続溶接 両側脚長6mm 断続溶接 溶接長さ50mm 溶接数3 ピッチ250mmの場合		6/50(3)-250 6 側面図では表示しない。

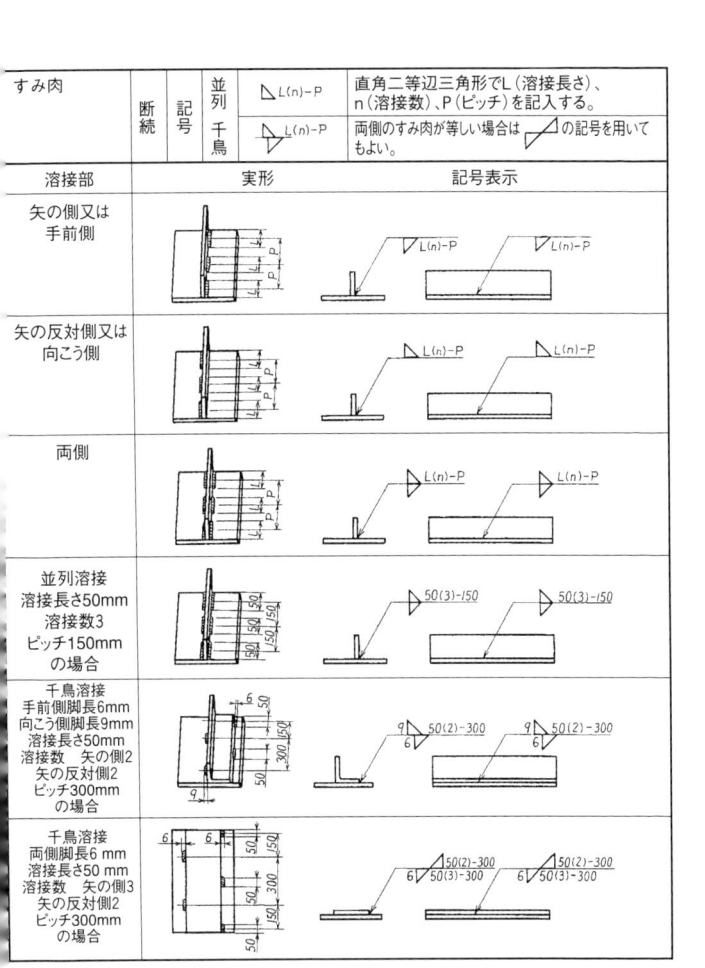

すみ肉	断続	記号	並列千鳥	-P)	直角二等辺三角形でL（溶接長さ）、n（溶接数）、P（ピッチ）を記入する。
				-P)	両側のすみ肉が等しい場合は ◁▷ の記号を用いてもよい。

溶接部	実形	記号表示
矢の側又は手前側		▷L(n)-P ▷L(n)-P
矢の反対側又は向こう側		△L(n)-P △L(n)-P
両側		▷L(n)-P ▷L(n)-P
並列溶接 溶接長さ50mm 溶接数3 ピッチ150mm の場合		▷50(3)-150 ▷50(3)-150
千鳥溶接 手前側脚長6mm 向こう側脚長9mm 溶接長さ50mm 溶接数 矢の側2 矢の反対側2 ピッチ300mm の場合		9▷50(2)-300 9▷50(2)-300 6 6
千鳥溶接 両側脚長6mm 溶接長さ50mm 溶接数 矢の側2 矢の反対側3 ピッチ300mm の場合		▷50(2)-300 ▷50(2)-300 6▷50(3)-300 6▷50(3)-300

プラグ、スロット	記号	⊓	垂直線は上辺の1/2とする。

溶接部		実形	記号表示
プラグ溶接	矢の側又は手前側		
	矢の反対側又は向こう側		
スロット溶接	矢の側又は手前側		
	矢の反対側又は向こう側		
プラグ溶接	穴径　22mm 溶接数　4 ピッチ　100mm 開先角度60度 溶接深さ　6mm の場合		(22×6)⊓60(4)-100 (22×6)⊓60(4)-100
スロット溶接	幅　22mm 長さ　50mm 溶接数　4 ピッチ　150mm 開先角度　0度 溶接深さ　6mm の場合		(22×6)⊓50(4)-150 (22×6)⊓50(4)-150

ビード	記号	⌒	弧の高さは半径の1/2とする。
溶接部	実形		記号表示
矢の側又は手前側			
矢の反対側又は向こう側			
ルート間隔0mmの場合			

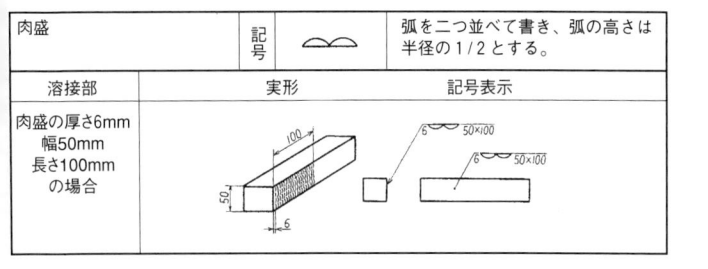

肉盛	記号	⌒⌒	弧を二つ並べて書き、弧の高さは半径の1/2とする。
溶接部	実形		記号表示
肉盛の厚さ6mm 幅50mm 長さ100mm の場合			6 ⌒⌒ 50×100

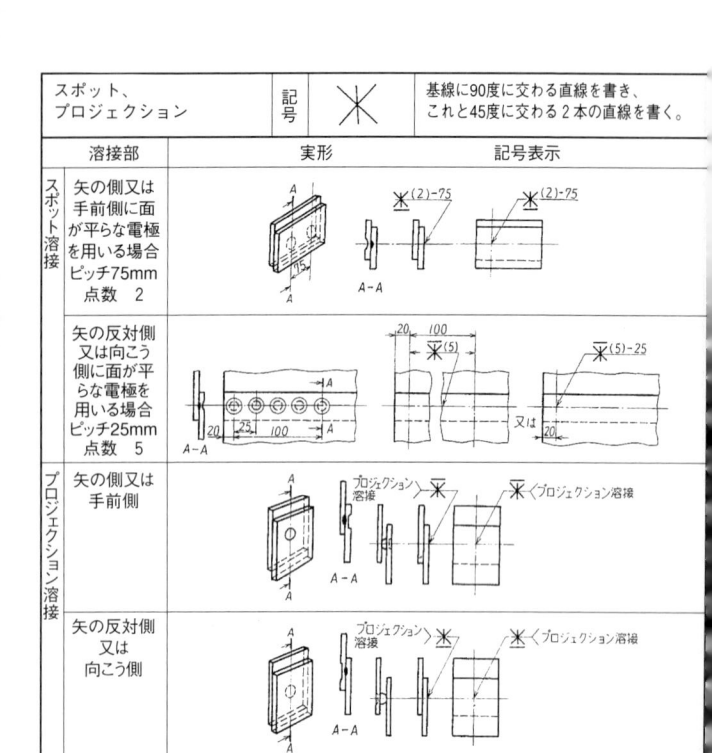

スポット、プロジェクション	記号	✕	基線に90度に交わる直線を書き、これと45度に交わる2本の直線を書く。

	溶接部	実形	記号表示
スポット溶接	矢の側又は手前側に面が平らな電極を用いる場合 ピッチ75mm 点数 2		✕(2)-75
	矢の反対側又は向こう側に面が平らな電極を用いる場合 ピッチ25mm 点数 5		✕(5)-25
プロジェクション溶接	矢の側又は手前側		✕〈プロジェクション溶接
	矢の反対側又は向こう側		✕〈プロジェクション溶接

シーム	記号	✕✕	スポットの記号を2個並べて書く。

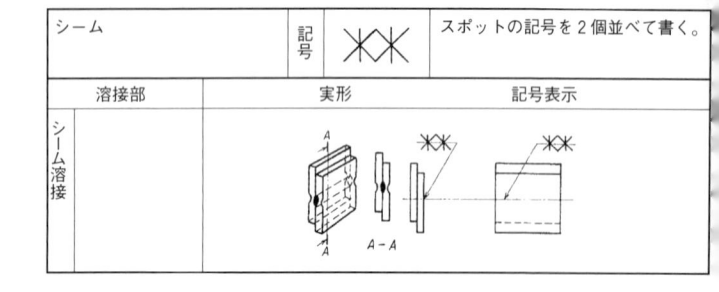

溶接部	実形	記号表示
シーム溶接		✕✕

普通許容差(general dimension tolerance)

普通許容差とは、寸法数値に何の表示もない場合、基準寸法を中心としてある決められたプラスマイナスの寸法公差があることを示す。

面取りを除く長さ寸法の普通許容差

公差等級	基準寸法の区分							
説明	0.5 以上 3 以下	3 を超え 6 以下	6 を超え 30 以下	30 を超え 120 以下	120 を超え 400 以下	400 を超え 1000 以下	1000 を超え 2000 以下	2000 を超え 4000 以下
	許容差							
精級	±0.05	±0.05	±0.1	±0.15	±0.2	±0.3	±0.5	-
中級	±0.1	±0.1	±0.2	±0.3	±0.5	±0.8	±1.2	±2
粗級	±0.2	±0.3	±0.5	±0.8	±1.2	±2	±3	±4
極粗級	-	±0.5	±1	±1.5	±2.5	±4	±6	±8

面取り部分の長さ寸法

公差等級	基準寸法の区分		
説明	0.5 以上 3 以下	3 より上 6 以下	6 より上
	許容差		
精級	±0.2	±0.5	±1
中級	±0.2	±0.5	±1
粗級	±0.4	±1	±2
極粗級	±0.4	±1	±2

角度寸法の許容差

公差等級	対象とする角度の短い方の辺の長さの区分				
説明	10 以下	10 より上 50 以下	50 より上 120 以下	120 より上 400 以下	400 より上
	許容差				
精級	±1°	±30′	±20′	±10′	±5′
中級	±1°	±30′	±20′	±10′	±5′
粗級	±1°30′	±1°	±30′	±15′	±10′
極粗級	±3°	±2°	±1°	±30′	±20′

穴の公差域クラス (Class of geometrical tolerance zone of holes)

単位: μm

穴の許容差(mm) 径の区分 以上 を超え	F6 下	F6 上	F7 下	F7 上	F8 下	F8 上	G6 下	G6 上	G7 下	G7 上	H6 下	H6 上	H7 下	H7 上	H8 下	H8 上	H9 下	H9 上	H10 下	H10 上	H11 下	H11 上	J6 下	J6 上	Js6 下	Js6 上
3	18	10	22	10	28	10	12	4	16	4	8	0	12	0	18	0	30	0	48	0	75	0	5	-3	4	-4
3 6	22	13	28	13	35	13	14	5	20	5	9	0	15	0	22	0	36	0	58	0	90	0	5	-4	4.5	-4.5
6 10	27	16	34	16	43	16	17	6	24	6	11	0	18	0	27	0	43	0	70	0	110	0	6	-5	5.5	-5.5
10 18	33	20	41	20	53	20	20	7	28	7	13	0	21	0	33	0	52	0	84	0	130	0	8	-6	6.5	-6.5
18 30	41	25	50	25	64	25	25	9	34	9	16	0	25	0	39	0	62	0	100	0	160	0	10	-8	8	-8
30 40 / 40 50	49	30	60	30	76	30	29	10	40	10	19	0	30	0	46	0	74	0	120	0	190	0	13	-6	9.5	-9.5
50 65 / 65 80	58	36	71	36	90	36	34	12	47	12	22	0	35	0	54	0	87	0	140	0	220	0	16	-6	11	-11
80 100 / 100 120	68	43	83	43	106	43	39	14	54	14	25	0	40	0	63	0	100	0	160	0	250	0	18	-7	12.5	-12.5
120 140 / 140 160 / 160 180	79	50	96	50	122	50	44	15	61	15	29	0	46	0	72	0	115	0	185	0	290	0	22	-7	14.5	-14.5
180 200 / 200 225 / 225 250	88	56	108	56	137	56	49	17	69	17	32	0	52	0	81	0	130	0	210	0	320	0	25	-7	16	-16
250 280 / 280 315	98	62	119	62	151	62	54	18	75	18	36	0	57	0	89	0	140	0	230	0	360	0	29	-7	18	-18
315 355 / 355 400	108	68	131	68	165	68	60	20	83	20	40	0	63	0	97	0	155	0	250	0	400	0	33	-7	20	-20
400 450 / 450 500	120	76	146	76	186	76	66	22	92	22	44	0	70	0	110	0	175	0	280	0	440	0	—	—	22	-22
500 560 / 560 630	130	80	160	80	205	80	74	24	104	24	50	0	80	0	125	0	200	0	320	0	500	0	—	—	25	-25
630 710 / 710 800	142	86	176	86	226	86	82	26	116	26	56	0	90	0	140	0	230	0	360	0	560	0	—	—	28	-28
800 900 / 900 1000	164	98	203	98	263	98	94	28	133	28	66	0	105	0	165	0	260	0	420	0	660	0	—	—	33	-33
1000 1120 / 1120 1250	188	110	235	110	305	110	108	30	155	30	78	0	125	0	195	0	310	0	500	0	780	0	—	—	39	-39
1250 1400 / 1400 1600 / 1600 1800 / 1800 2000	212	120	270	120	350	120	124	32	182	32	92	0	150	0	230	0	370	0	600	0	920	0	—	—	46	-46

穴の許容差 (2)

単位 : μm

径の区分(mm)		J 7		J s 7		K 5		K 6		K 7		M 6		M 7		N 6		N 7		P 6		P 7		R 6		R 7	
を超え	以下	上	下	上	下	上	下	上	下	上	下	上	下	上	下	上	下	上	下	上	下	上	下	上	下
3	6	6	-6	6	-6	0	-5	2	-6	3	-9	-1	-9	0	-12	-5	-13	-4	-16	-9	-17	-8	-20	-12	-20	-11	-23
6	10	8	-7	7.5	-7.5	1	-5	2	-7	5	-10	-3	-12	0	-15	-7	-16	-4	-19	-12	-21	-9	-24	-16	-25	-13	-28
10	18	10	-8	9	-9	2	-6	2	-9	6	-12	-4	-15	0	-18	-9	-20	-5	-23	-15	-26	-11	-29	-20	-31	-16	-34
18	30	12	-9	10.5	-10.5	1	-8	2	-11	6	-15	-4	-17	0	-21	-11	-24	-7	-28	-18	-31	-14	-35	-24	-37	-20	-41
30	40	14	-11	12.5	-12.5	2	-9	3	-13	7	-18	-4	-20	0	-25	-12	-28	-8	-33	-21	-37	-17	-42	-29	-45	-25	-50
40	50																										
50	65	18	-12	15	-15	3	-10	4	-15	9	-21	-5	-24	0	-30	-14	-33	-9	-39	-26	-45	-21	-51	-35	-54	-30	-60
65	80																							-37	-56	-32	-62
80	100	22	-13	17.5	-17.5	2	-13	4	-18	10	-25	-6	-28	0	-35	-16	-38	-10	-45	-30	-52	-24	-59	-44	-66	-38	-73
100	120																							-47	-69	-41	-76
120	140	26	-14	20	-20	3	-15	4	-21	12	-28	-8	-33	0	-40	-20	-45	-12	-52	-36	-61	-28	-68	-56	-81	-48	-88
140	160																							-58	-83	-50	-90
160	180																							-61	-86	-53	-93
180	200	30	-16	23	-23	2	-18	5	-24	13	-33	-8	-37	0	-46	-22	-51	-14	-60	-41	-70	-33	-79	-68	-97	-60	-106
200	225																							-71	-100	-63	-109
225	250																							-75	-104	-67	-113
250	280	36	-16	26	-26	3	-20	5	-27	16	-36	-9	-41	0	-52	-25	-57	-14	-66	-47	-79	-36	-88	-85	-117	-74	-126
280	315																							-89	-121	-78	-130
315	355	39	-18	28.5	-28.5	3	-22	7	-29	17	-40	-10	-46	0	-57	-26	-62	-16	-73	-51	-87	-41	-98	-97	-133	-87	-144
355	400																							-103	-139	-93	-150
400	450	43	-20	31.5	-31.5	2	-25	8	-32	18	-45	-10	-50	0	-63	-27	-67	-17	-80	-55	-95	-45	-108	-113	-153	-103	-166
450	500																							-119	-159	-109	-172
500	560	—	—	35	-35	—	—	0	-44	0	-70	-26	-70	-26	-96	-44	-88	-44	-114	-78	-122	-78	-148	-150	-194	-150	-220
560	630																							-155	-199	-155	-225
630	710	—	—	40	-40	—	—	0	-50	0	-80	-30	-80	-30	-110	-50	-100	-50	-130	-88	-138	-88	-168	-175	-225	-175	-255
710	800																							-185	-235	-185	-265
800	900	—	—	45	-45	—	—	0	-56	0	-90	-34	-90	-34	-124	-56	-112	-56	-146	-100	-156	-100	-190	-210	-266	-210	-300
900	1000																							-220	-276	-220	-310
1000	1120	—	—	52.5	-52.5	—	—	0	-66	0	-105	-40	-106	-40	-145	-66	-132	-66	-171	-120	-186	-120	-225	-250	-316	-250	-355
1120	1250																							-260	-326	-260	-365
1250	1400	—	—	62.5	-62.5	—	—	0	-78	0	-125	-48	-126	-48	-173	-78	-156	-78	-203	-140	-218	-140	-265	-300	-378	-300	-425
1400	1600																							-330	-408	-330	-455
1600	1800	—	—	75	-75	—	—	0	-92	0	-150	-58	-150	-58	-208	-92	-184	-92	-242	-170	-262	-170	-320	-370	-462	-370	-520
1800	2000																							-400	-492	-400	-550

軸の公差域クラス (Class of geometrical tolerance zone of shafts)

単位：μm

軸の許容差 (1)

寸法区分(mm) 超 / 以下	f5 上	f5 下	f6 上	f6 下	g5 上	g5 下	g6 上	g6 下	h5 上	h5 下	h6 上	h6 下	h7 上	h7 下	h8 上	h8 下	h9 上	h9 下	h10 上	h10 下	h11 上	h11 下	j5 上	j5 下	js 上	js 下
3 / 6	-10	-15	-10	-18	-4	-9	-4	-12	0	-5	0	-8	0	-12	0	-18	0	-30	0	-48	0	-75	3	-2	2.5	-2.5
6 / 10	-13	-19	-13	-22	-5	-11	-5	-14	0	-6	0	-9	0	-15	0	-22	0	-36	0	-58	0	-90	4	-2	3	-3
10 / 18	-16	-24	-16	-27	-6	-14	-6	-17	0	-8	0	-11	0	-18	0	-27	0	-43	0	-70	0	-110	5	-3	3	-3
18 / 30	-20	-29	-20	-33	-7	-16	-7	-20	0	-9	0	-13	0	-21	0	-33	0	-52	0	-84	0	-130	5	-4	4	-4
30 / 40	-25	-36	-25	-41	-9	-20	-9	-25	0	-11	0	-16	0	-25	0	-39	0	-62	0	-100	0	-160	6	-5	4.5	-4.5
40 / 50	-25	-36	-25	-41	-9	-20	-9	-25	0	-11	0	-16	0	-25	0	-39	0	-62	0	-100	0	-160	6	-5	4.5	-4.5
50 / 65	-30	-43	-30	-49	-10	-23	-10	-29	0	-13	0	-19	0	-30	0	-46	0	-74	0	-120	0	-190	6	-7	5.5	-5.5
65 / 80	-30	-43	-30	-49	-10	-23	-10	-29	0	-13	0	-19	0	-30	0	-46	0	-74	0	-120	0	-190	6	-7	5.5	-5.5
80 / 100	-36	-51	-36	-58	-12	-27	-12	-34	0	-15	0	-22	0	-35	0	-54	0	-87	0	-140	0	-220	6	-9	6.5	-6.5
100 / 120	-36	-51	-36	-58	-12	-27	-12	-34	0	-15	0	-22	0	-35	0	-54	0	-87	0	-140	0	-220	6	-9	6.5	-6.5
120 / 140	-43	-61	-43	-68	-14	-32	-14	-39	0	-18	0	-25	0	-40	0	-63	0	-100	0	-160	0	-250	7	-11	7.5	-7.5
140 / 160	-43	-61	-43	-68	-14	-32	-14	-39	0	-18	0	-25	0	-40	0	-63	0	-100	0	-160	0	-250	7	-11	7.5	-7.5
160 / 180	-43	-61	-43	-68	-14	-32	-14	-39	0	-18	0	-25	0	-40	0	-63	0	-100	0	-160	0	-250	7	-11	7.5	-7.5
180 / 200	-50	-70	-50	-79	-15	-35	-15	-44	0	-20	0	-29	0	-46	0	-72	0	-115	0	-185	0	-290	7	-13	9	-9
200 / 225	-50	-70	-50	-79	-15	-35	-15	-44	0	-20	0	-29	0	-46	0	-72	0	-115	0	-185	0	-290	7	-13	9	-9
225 / 250	-50	-70	-50	-79	-15	-35	-15	-44	0	-20	0	-29	0	-46	0	-72	0	-115	0	-185	0	-290	7	-13	9	-9
250 / 280	-56	-79	-56	-88	-17	-40	-17	-49	0	-23	0	-32	0	-52	0	-81	0	-130	0	-210	0	-320	7	-16	10	-10
280 / 315	-56	-79	-56	-88	-17	-40	-17	-49	0	-23	0	-32	0	-52	0	-81	0	-130	0	-210	0	-320	7	-16	10	-10
315 / 355	-62	-87	-62	-98	-18	-43	-18	-54	0	-25	0	-36	0	-57	0	-89	0	-140	0	-230	0	-360	7	-18	11.5	-11.5
355 / 400	-62	-87	-62	-98	-18	-43	-18	-54	0	-25	0	-36	0	-57	0	-89	0	-140	0	-230	0	-360	7	-18	11.5	-11.5
400 / 450	-68	-95	-68	-108	-20	-47	-20	-60	0	-27	0	-40	0	-63	0	-97	0	-155	0	-250	0	-400	7	-20	12.5	-12.5
450 / 500	-68	-95	-68	-108	-20	-47	-20	-60	0	-27	0	-40	0	-63	0	-97	0	-155	0	-250	0	-400	7	-20	12.5	-12.5
500 / 560	—	—	-76	-120	—	—	-22	-66	—	—	0	-44	0	-70	0	-110	0	-175	0	-280	0	-440	—	—	13.5	-13.5
560 / 630	—	—	-76	-120	—	—	-22	-66	—	—	0	-44	0	-70	0	-110	0	-175	0	-280	0	-440	—	—	13.5	-13.5
630 / 710	—	—	-80	-130	—	—	-24	-74	—	—	0	-50	0	-80	0	-125	0	-200	0	-320	0	-500	—	—	—	—
710 / 800	—	—	-80	-130	—	—	-24	-74	—	—	0	-50	0	-80	0	-125	0	-200	0	-320	0	-500	—	—	—	—
800 / 900	—	—	-86	-142	—	—	-26	-82	—	—	0	-56	0	-90	0	-140	0	-230	0	-360	0	-560	—	—	—	—
900 / 1000	—	—	-86	-142	—	—	-26	-82	—	—	0	-56	0	-90	0	-140	0	-230	0	-360	0	-560	—	—	—	—
1000 / 1120	—	—	-98	-164	—	—	-28	-94	—	—	0	-66	0	-105	0	-165	0	-260	0	-420	0	-660	—	—	—	—
1120 / 1250	—	—	-98	-164	—	—	-28	-94	—	—	0	-66	0	-105	0	-165	0	-260	0	-420	0	-660	—	—	—	—
1250 / 1400	—	—	-110	-188	—	—	-30	-108	—	—	0	-78	0	-125	0	-195	0	-310	0	-500	0	-780	—	—	—	—
1400 / 1600	—	—	-110	-188	—	—	-30	-108	—	—	0	-78	0	-125	0	-195	0	-310	0	-500	0	-780	—	—	—	—

寸法の区分(mm) 超過 以下	r6下	r6上	s6下	s6上	r7下	r7上	k5下	k5上	k6下	k6上	m5下	m5上	m6下	m6上	n5下	n5上	n6下	n6上	p5下	p5上	p6下	p6上	r6下	r6上	r7下	r7上
3 6	6	-2	4	-4	8	-4	6	1	9	1	9	4	12	4	13	8	16	8	17	12	20	12	23	15	27	15
6 10	7	-2	4.5	-4.5	10	-5	7	1	10	1	12	6	15	6	16	10	19	10	21	15	24	15	28	19	34	19
10 18	8	-3	5.5	-5.5	12	-6	9	1	12	1	15	7	18	7	20	12	23	12	26	18	29	18	34	23	41	23
18 30	9	-4	6.5	-6.5	13	-8	11	2	15	2	17	8	21	8	24	15	28	15	31	22	35	22	41	28	49	28
30 40	11	-5	8	-8	15	-10	13	2	18	2	20	9	25	9	28	17	33	17	37	26	42	26	50	34	59	34
40 50	11	-5	8	-8	15	-10	13	2	18	2	20	9	25	9	28	17	33	17	37	26	42	26	50	34	59	34
50 65	12	-7	9.5	-9.5	18	-12	15	2	21	2	24	11	30	11	33	20	39	20	45	32	51	32	60	41	71	41
65 80	12	-7	9.5	-9.5	18	-12	15	2	21	2	24	11	30	11	33	20	39	20	45	32	51	32	62	43	73	43
80 100	13	-9	11	-11	20	-15	18	3	25	3	28	13	35	13	38	23	45	23	52	37	59	37	73	51	86	51
100 120	13	-9	11	-11	20	-15	18	3	25	3	28	13	35	13	38	23	45	23	52	37	59	37	76	54	89	54
120 140	14	-11	12.5	-12.5	22	-18	21	3	28	3	33	15	40	15	45	27	52	27	61	43	68	43	88	63	103	63
140 160	14	-11	12.5	-12.5	22	-18	21	3	28	3	33	15	40	15	45	27	52	27	61	43	68	43	90	65	105	65
160 180	14	-11	12.5	-12.5	22	-18	21	3	28	3	33	15	40	15	45	27	52	27	61	43	68	43	93	68	108	68
180 200	16	-13	14.5	-14.5	25	-21	24	4	33	4	37	17	46	17	51	31	60	31	70	50	79	50	106	77	123	77
200 225	16	-13	14.5	-14.5	25	-21	24	4	33	4	37	17	46	17	51	31	60	31	70	50	79	50	109	80	126	80
225 250	16	-13	14.5	-14.5	25	-21	24	4	33	4	37	17	46	17	51	31	60	31	70	50	79	50	113	84	130	84
250 280	16	-16	16	-16	26	-26	27	4	36	4	43	20	52	20	57	34	66	34	—	—	—	—	126	94	146	94
280 315	16	-16	16	-16	26	-26	27	4	36	4	43	20	52	20	57	34	66	34	—	—	—	—	130	98	150	98
315 355	18	-18	18	-18	29	-28	29	4	40	4	46	21	57	21	62	37	73	37	—	—	—	—	144	108	165	108
355 400	18	-18	18	-18	29	-28	29	4	40	4	46	21	57	21	62	37	73	37	—	—	—	—	150	114	171	114
400 450	20	-20	20	-20	31	-32	32	5	45	5	50	23	63	23	67	40	80	40	—	—	—	—	166	126	189	126
450 500	20	-20	20	-20	31	-32	32	5	45	5	50	23	63	23	67	40	80	40	—	—	—	—	172	132	195	132
500 560	—	—	22	-22	—	—	—	—	44	0	—	—	70	26	—	—	88	44	—	—	122	78	194	150	220	150
560 630	—	—	22	-22	—	—	—	—	44	0	—	—	70	26	—	—	88	44	—	—	122	78	199	155	225	155
630 710	—	—	25	-25	—	—	—	—	50	0	—	—	80	30	—	—	100	50	—	—	138	88	225	175	255	175
710 800	—	—	25	-25	—	—	—	—	50	0	—	—	80	30	—	—	100	50	—	—	138	88	235	185	265	185
800 900	—	—	28	-28	—	—	—	—	56	0	—	—	90	34	—	—	112	56	—	—	156	100	266	210	300	210
900 1000	—	—	28	-28	—	—	—	—	56	0	—	—	90	34	—	—	112	56	—	—	156	100	276	220	310	220
1000 1120	—	—	33	-33	—	—	—	—	66	0	—	—	106	40	—	—	132	66	—	—	186	120	316	250	355	250
1120 1250	—	—	33	-33	—	—	—	—	66	0	—	—	106	40	—	—	132	66	—	—	186	120	326	260	365	260
1250 1400	—	—	39	-39	—	—	—	—	78	0	—	—	126	48	—	—	156	78	—	—	218	140	378	300	425	300
1400 1600	—	—	39	-39	—	—	—	—	78	0	—	—	126	48	—	—	156	78	—	—	218	140	408	330	455	330

Chapter 6

材料の基礎

JIS鉄鋼材料記号
JIS非鉄金属材料記号
非鉄金属の種類・特性
アルミ合金の物性
プラスチック材料の物性
CAEで使える材料物性
主な金属の線膨張係数
摩擦係数
樹脂材料の表記
加工品の表面粗さ目安

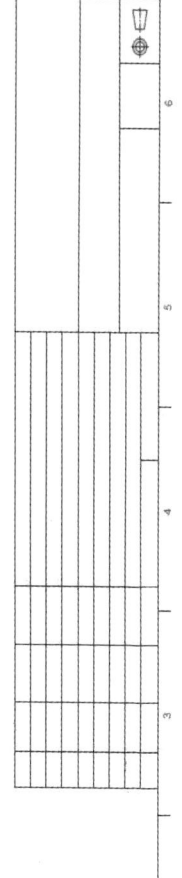

JIS鉄鋼材料（ferrous metal）記号

鉄鋼記号は、原則として次の3つの部分から構成されている。
(1) 最初の部分は材質を表す。
(2) 次の部分は、規格名または製品名を表す。
(3) 最後の部分は種類を表す。

JIS鉄鋼材料の記号と表し方

棒・形・板

一般構造用圧延鋼材 (JIS-G3101)	SS330、SS400、SS490、SS540
溶接構造用圧延鋼材 (JIS-G3106)	SM400A、SM400B、SM400C、SM490A、SM490B、SM490C、SM490YA、SM490YB、SM520B、SM520C、SM570
みがき棒鋼 (JIS-G3123)	SGD290−D [SGD30−D]、SGD400−D [SGD41−D]
熱間圧延軟鋼及び鋼帯 (JIS-G3131)	SPHC、SPHD、SPHE
建築用圧延棒鋼 (JIS-G3138)	SNR400A、SNR400B、SNR490B
冷間圧延軟鋼及び鋼帯 (JIS-G3141)	SPCC、SPCD、SPCE
塗装溶融亜鉛めっき鋼板及び鋼帯 (JIS-G3312)	CGCC、CGCH、CGCD1、CGC340 [CGC35]、CGC400 [CGC41]、CGC440 [CGC45]、CGC490 [CGC50]、CGC570 [CGC58]
一般構造用軽量形鋼 (JIS-G3350)	SSC400 [SSC41]
一般構造用溶接軽量H形鋼 (JIS-G3353)	SWH400 [SWH41]、SWH400L [SWH41L]

鋼管

機械構造用合金鋼鋼管 (JIS-G3441)	SCr420TK、SCM415TK、SCM418TK、SCM420TK、SCM430TK、SCM435TK、SCM440TK
一般構造用炭素鋼鋼管 (JIS-G3444)	STK290 [STK30]、STK400 [STK41]、STK500 [STK51]、STK490 [STK50]、STK540 [STK55]
機械構造用炭素鋼鋼管 (JIS-G3445)	STKM11A、STKM12A、STKM11B、STKM12C、STKM13A、STKM13B、STKM13C、STKM14A、STKM14B、STKM15A、STKM15C、STKM16A、STKM16C、STKM17A、STKM17C、STKM18A、STKM18B、STKM18C、STKM19A、STKM19C、STKM20A

配管用炭素鋼鋼管 (JIS-G3452)	SGP
圧力配管用炭素鋼鋼管 (JIS-G3454)	STPG370 [STPG38]、STPG410 [STPG42]
高圧配管用炭素鋼鋼管 (JIS-G3455)	STS370 [STS38]、STS410 [STS42]、STS480 [STS49]
一般構造用角形鋼管 (JIS-G3466)	STKR400 [STKR41]、STKR490 [STKR50]
建築構造用炭素鋼鋼管 (JIS-G3475)	STKN400W、STKN400B、STKN490B

線

硬鋼線 (JIS-G3521)	SW−A、SW−B、SW−C
ピアノ線 (JIS-G3522)	SWP−A、SWP−B、SWP−V
鉄線 (JIS-G3532)	SWM−B、SWM−F、SWM−N、SWM−A、SWM−P、SWM−R、SWM−I

機械構造用鋼

機械構造用炭素鋼鋼材 (JIS-G4051)	S10C、S12C、S15C、S17C、S20C、S22C、S25C、S28C、S30C、S33C、S35C、S38C、S40C、S43C、S45C、S48C、S50C、S53C、S55C、S58C、S09CK、S15CK、S20CK
焼入れ性を保証した構造用鋼材（H鋼） (JIS-G4052)	SMn420H、SMn433H、SMn438H、SMn443H、SMnC420H、SMnC443H
ニッケルクロム鋼鋼材 (JIS-G4102)	SCr415H、SCr420H、SCr430H、SCr435H、SCr440H SCM415H、SCM418H、SCM420H、SCM435H、SCM440H、SCM445H、SCM822H SNC415H、SNC631H、SNC815H SNCM220H、SNCM420H SNC236、SNC415、SNC631、SNC815、SNC836
ニッケルクロムモリブデン鋼鋼材 (JIS-G4103)	SNCM220、SNCM240、SNCM415、SNCM420、SNCM431、SNCM439、SNCM447、SNCM616、SNCM625、SNCM630、SNCM815
クロム鋼鋼材 (JIS-G4104)	SCr415、SCr420、SCr430、SCr435、SCr440、SCr445
クロムモリブデン鋼鋼材 (JIS-G4105)	SCM415、SCM418、SCM420、SCM421、SCM430、SCM432、SCM435、SCM440、SCM445、SCM822
機械構造用マンガン鋼鋼材及びマンガンクロム鋼鋼材 (JIS-G4106)	SMn420、SMn433、SMn438

アルミニウムクロムモリブデン鋼鋼材 (JIS-G4202)	SACM645
ステンレス鋼棒 (JIS-G4303)	SUS201、SUS202、SUS301、SUS302、SUS303、SUS303Se、SUS303Cu、SUS304、SUS304L、SUS304NI、SUS304N2、SUS304LN、SUS304J3、SUS305、SUS309S、SUS310S、SUS316、SUS316L、SUS316N、SUS316LN、SUS316Ti、SUS316J1、SUS316J1L、SUS316F、SUS317、SUS317L、SUS317LN、SUS317J1、SUS836L、SUS890L、SUS321、SUS347、SUSXM7、SUSXM15J1、SUS329J1、SUS329J1、SUS329J3L、SUS329J4L、SUS405、SUS410L、SUS430、SUS430F、SUS434、SUS447J1、SUSXM27、SUS403、SUS410、SUS410J1、SUS410F2、SUS416、SUS420J1、SUS420J2、SUS420F、SUS420F2、SUS431、SUS440A、SUS440B、SUS440C、SUS440F、SUS630、SUS631
炭素工具鋼鋼材 (JIS-G4401)	SK1、SK2、SK3、SK4、SK5、SK6、SK7
合金工具鋼鋼材 (JIS-G4404)	SKS2、SKS3、SKS4、SKS5、SKS7、SKS8、SKS11、SKS21、SKS31、SKS41、SKS43、SKS44、SKS51、SKS93、SKS94、SKS95
硫黄及び硫黄複合快削鋼鋼材 (JIS-G4804)	SUM11、SUM12、SUM21、SUM22、SUM22L、SUM23、SUM23L、SUM24L、SUM25、SUM31、SUM31L、SUM32、SUM41、SUM42、SUM43
炭素鋼鍛鋼品 (JIS-G3201)	SF340A [SF35A]、SF390A [SF40A]、SF440A [SF45A]、SF490A [SF50A]、SF540A [SF55A]、SF590A [SF60A]、SF540B [SF55B]、SF590B [SF60B]、SF640A [SF65B]
炭素鋼鋳鋼品 (JIS-G5101)	SC360 [SC37]、SC410 [SC42]、SC450 [SC46]、SC480 [SC49]
ねずみ鋳鉄品 (JIS-G5501)	FC100、FC150、FC200、FC250、FC300、FC350
球状黒鉛鋳鉄品 (JIS-G5502)	FCD350－22、FCD350－22L、FCD400－18、FCD400－18、FCD400－15、FCD450－10、FCD500－7、FCD600－3、FCD700－2、FCD800－2、FCD400－18A、FCD400－18AL、FCD400－15A、FCD500－7A、FCD600－3A

JIS非鉄金属材料（non-ferrous metal）記号

> 非鉄金属材料とは、銅、アルミ、亜鉛、白金などの鉄鋼以外の金属材料をいう。

JIS 非鉄金属材料の記号と表し方
伸銅品

銅及び銅合金の板及び条 (JIS-H3100)	C1020、C1100、C1201、C1220、C1221、C1401、C2051、C2100、C2200、C2300、C2400、C2600、C2680、C2720、C2801、C3560、C3561、C3710、C3713、C4250、C4430、C4621、C4640、C6140、C6161、C6280、C6301、C7060、C7150、C6711、C6712（板はP、条はRの記号がこれに続く…例 C1020 P）
銅及び銅合金棒 (JIS-H3250)	C1020、C1100、C1201、C1220、C1221、C2600、C2700、C2800、C3601、C3602、C3603、C3604、C3605、C3712、C3771、C4622、C4641、C6161、C6191、C6241、C6782、C6783（押出棒はBE、引抜棒はBDの記号がこれに続く…例 C 3604 BD）
銅及び銅合金継目無管 (JIS-H3300)	C1020、C1100、C1201、C1220、C2200、C2300、C2600、C2700、C2800、C4430、C6870、C6871、C6872、C7060、C7100、C7150、C7164（普通級はT、特殊級はTSの記号がこれに続く…例 C1020 T）

アルミニウム及びその合金の展伸材

アルミニウム及びアルミニウム合金の板及び条 (JIS-H4000)	A1085、A1080、A1070、A1050、A1100、A1200、A1N00、A1N30、A2014、A2017、A2219、A2024、A3003、A3203、A3004、A3104、A3005、A3105、A5005、A5052、A5652、A5154、A5254、A5454、A5082、A5182、A5083、A5086、A5N01、A6061、A7N01、A7075（板、条はP、合わせ板はPCの記号がこれに続く…例 A1080 P。更に質別の記号がこれに続く…JIS H 0001 参照）
アルミニウム及びアルミニウム合金の棒及び線 (JIS-H4040)	A1070、A1050、A1100、A1200、A2011、A2014、A2017、A2117、A2024、A3003、A5052、A5N02、A5056、A5083、A6061、A7N01、A7075（押出棒はBE、引抜き棒はBD、引抜線はWの記号がこれに続く、さらに特殊級のものはSが続く…例A7075BDS。なお、質別の記号がこれに続く…JIS H 0001 参照）
アルミニウム及びアルミニウム合金継目無管 (JIS-H4080)	A1070、A1050、A1100、A1200、A2017、A2024、A3003、A3203、A5052、A5154、A5454、A5056、A5083、A6061、A6063、A7003、A7N01、A7075（押出管はTE、引抜管はTDの記号がこれに続く。なお、質別の記号がこれに続く…JIS H 0001 参照）

鋳物

銅及び銅合金鋳物 (JIS-H5120)	CAC101、CAC102、CAC103、CAC201、CAC202、CAC203、CAC301、CAC302、CAC303、CAC304、CAC401、CAC402、CAC403、CAC406、CAC407、CAC502A、CAC502B、CAC503A、CAC503B、CAC602、CAC603、CAC604、CAC605、CAC701、CAC702、CAC703、CAC704、CAC801、CAC802、CAC803
銅合金連続鋳造鋳物 (JIS-H5121)	CAC301C、CAC302C、CAC303C、CAC304C、CAC401C、CAC402C、CAC403C、CAC406C、CAC407C、CAC502C、CAC503C、CAC603C、CAC604C、CAC605C、CAC701C、CAC702C、CAC703C
アルミニウム合金鋳物 (JIS-H5202)	AC1A、AC1B、AC2A、AC2B、AC3A、AC4A、AC4B、AC4C、AC4CH、AC4D、AC5A、AC7A、AC8A、AC8B、AC8C、AC9A、AC9B
マグネシウム合金鋳物 (JIS-H5203)	MC1、MC2A、MC2B、MC3、MC5、MC6、MC7、MC8、MC9、MC10
亜鉛合金ダイカスト (JIS-H5301)	ZDC1、ZDC2
アルミニウム合金ダイカスト (JIS-H5302)	ADC1、ADC3、ADC5、ADC6、ADC10、ADC10Z、ADC12、ADC12Z、ADC14
マグネシウム合金ダイカスト (JIS-H5303)	MD1A、MD1B、MD1D、MD2A、MD2B、MD3A
ホワイトメタル (JIS-H5401)	WJ1、WJ2、WJ2B、WJ3、WJ4、WJ5、WJ6、WJ7、WJ8、WJ9、WJ10、

非鉄金属の種類・特性

銅

合金記号	材料名称	特性・特色	用途例
C1020	無酸素銅	電気・熱の伝導性、展延性・絞り加工性に優れ、溶接性・耐食性・耐候性がよい。還元性雰囲気中で高温に加熱しても水素ぜい化を起こすおそれがない。	電気用、化学工業用など。
C1100	タフピッチ銅	電気・熱の伝導性に優れ、展延性・絞り加工性・耐食性・耐候性がよい。	電気用、蒸気がま、建築用、化学工業用、ガスケット、器物など。
C1201	りん脱酸銅	展延性・絞り加工性、溶接性・耐食性・耐候性がよい。C1220は還元性雰囲気中で高温に加熱しても水素ぜい化を起こすおそれがない。C1201はC1220及びC1221より電気の伝導性がよい。	風呂がま、湯沸器、ガスケット、建築用、化学工業用など。
C1220			
C1221			
C2100	丹銅	色沢が美しく、展延性・絞り加工性・耐食性がよい。	建築用、装身具、化粧品ケースなど。
C2200			
C2300			
C2400			
C2600	黄銅	展延性・絞り加工性に優れ、めっき性がよい。	端子コネクターなど。
C2680		展延性・絞り加工性・めっき性がよい。	スナップボタン、カメラ、魔法瓶などの深絞り用、端子コネクター、配線器具など。
C2720		展延性・絞り加工性がよい。	浅絞り用など。
C2801		強度が高く、展延性がある。	打ち抜いたまま又は折り曲げて使用する配線器具部品、ネームプレート、計器板など。
C3560	快削黄銅	特に被削性に優れ、打抜き性もよい。	時計部品、歯車など。
C3561			
C3710		特に打抜き性に優れ、被削性もよい。	時計部品、歯車など。
C3713			
C4250	すず入り黄銅	耐応力腐食割れ性、耐摩耗性、ばね性がよい。	スイッチ、リレー、コネクタ、各種ばね部品など。
C4430	アドミラルティ黄銅	耐食性、特に耐海水性がよい。	厚物が熱交換器用管板、薄物が熱交換器、ガス配管用溶接管など。
C4621	ネバール黄銅	耐食性、特に耐海水性がよい。	厚物が熱交換器用管板、薄物が船舶海水取入口用など(C4621はロイド船級用、NK船級用、C4641はAB船級用)。
C4640			
C6140	アルミニウム青銅	強度が高く、耐食性、特に耐海水性、耐摩耗性がよい。	機械部品、化学工業用、船舶用など。
C6161			
C6280			
C6301			
C7060	白銅	耐食性、特に耐海水性がよく、比較的高温の使用に適する。	熱交換器用管板、溶接管など。
C7150			

りん青銅

合金記号	材料名称	特性・特色	用途例
C5111	りん青銅	展延性・耐疲労性・耐食性がよい。特に高性能のばね性を要求するものは、ばね用りん青銅を用いるのがよい。C5191及びC5212は、ばね材に適する。	電子、電気機器用ばね、スイッチ、リードフレーム、コネクタ、ダイヤフラム、ベロー、ヒューズグリップ、しゅう動片軸受、ブッシュ、打楽器など。
C5102			
C5191			
C5212			
C7351	洋白	光沢が美しく、展延性、耐疲労性・耐食性がよい。C7351及びC7521は、絞り性に富む。	水晶発振子ケース、トランジスタキャップ、ボリウム用しゅう動片、時計文字板・がわ、装飾品、洋食器、医療機器、建築用、管楽器など。
C7451			
C7521			
C7451			

ばね用ベリリウム銅，チタン銅，りん青銅及び洋白

合金記号	材料名称	特性・特色	用途例
C1700	ばね用ベリリウム銅	耐食性がよく，時効硬化処理前は展延性に富み，時効硬化処理後は耐疲労性，導電性が増加する。ミルハーデンを除き，時効硬化処理は成形加工後に行う。	高性能ばね，継電器用ばね，電気機器用ばね，マイクロスイッチ，ダイヤフラム，ベロー，ヒューズクリップ，コネクタ，ソケットなど。
C1720			
C1990	ばね用チタン銅	時効硬化型合金銅のミルハーデン材で，展延性・耐食性・耐磨耗性・耐疲労特性がよく，特に応力緩和特性・耐熱性に優れた高性能ばね材である。	電子・通信・情報・電機・計測機器などのスイッチ，コネクタ，ジャック，リレーなど。
C5210	ばね用りん青銅	展延性・耐疲労性・耐食性がよい。特に低温焼きなましを施してあるので，高性能ばねに適する。質別SHはほとんど曲げ加工を施さない板バネに適する。	電子・通信・情報・電気・計測機器用のスイッチ，コネクタ，リレーなど。
C7701	ばね用洋白	光沢が美しく，展延性・耐疲労性・耐食性がよい。特に低温焼きなましを施してあるので，高性能ばね材に適する。質別SHはほとんど曲げ加工を施さない板ばねに適する。	電子・通信・情報・電気・計測機器用のスイッチ，コネクタ，リレーなど。

アルミニウム及びアルミニウム合金

合金記号	材料名称	特性・特色	用途例
A1085	1000系アルミニウム (純アルミニウム)	純アルミニウムのため強度は低いが，成形性，溶接性，耐食性がよい。	反射板，照明器具，装飾品，化学工業用タンク，導電材など。
A1080			
A1070			
A1050			
A1100		強度は比較的低いが，成形性，溶接性，耐食性がよい。	一般容器，建築用材，電気器具，各種容器，印刷板など。
A1200			
1N00		1100より若干強度が高く，成形性も優れる。	日用品など。
1N30		展延性，耐食性がよい。	アルミニウムはく地など。
A2014	2000系合金 (Al-Cu系)	強度が高い熱処理合金である。合せ板は，表面に6003をはり合わせ耐食性を改善したものである。	航空機用材，各種構造材など。
A2017		熱処理合金で強度が高く，切削加工性もよい。ジュラルミンと呼ばれる。	航空機用材，各種構造材など。
A2219		強度が高く，耐熱性，溶接性もよい。航空宇宙機器など。	航空宇宙機器など。
A2024		2017より強度が高く，切削加工性もよい。合せ板は，表面に1230をはり合わせ，耐食性を改善したのである。超ジュラルミンと呼ばれる。	航空機用材，各種構造材など。
A3003	3000系合金 (Al-Mn系)	1100より若干強度が高く，成形性，溶接性，耐食性もよい。	一般容器，建築用材，船舶用材，フィン材，各種容器など。
A3203			
A3004		3003より強度が高く，成形性に優れ，耐食性もよい。	飲料缶，屋根板，ドアパネル用材，カラーアルミ，電球口金など。
A3104			
A3005		3003より強度が高く，耐食性もよい。	建築用材，カラーアルミなど。
A3105		3003より若干強度が高く，成形性，耐食性がよい。	建築用材，カラーアルミ，キャップなど。
A5005	5000系合金 (Al-Mg系)	3003と同程度の強度があり，耐食性，溶接性，加工性がよい。	建築内外装材，車両内装材など。
A5052		中程度の強度をもった代表的な合金で，耐食性，成形性，溶接性，耐食性，飲料缶など。	過酸化水素容器など。
A5652		5052の不純物元素を規制して過酸化水素の分解を制御した合金で，その他特性は5052と同程度である。	
A5154		5052と5083の中程度の強度をもった合金で，耐食性，成形性，溶接性がよい。	船舶・車両用材・圧力容器など。
A5254		5154の不純物元素を規制して過酸化水素の分解を制御した合金で，その他特性は5154と同程度である。	過酸化水素容器など。
A5454		5052より強度が高く，耐食性，成形性，溶接性がよい。	自動車用ホイールなど。
A5082		5083とほぼ同程度の強度があり，成形性，耐食性がよい。	飲料缶など。
A5182			
A5083		非熱処理合金中で最高の耐力があり，耐食性，溶接性がよい。	船舶・車両用材・低温タンク，圧力容器など。
A5086		5154より強度が高く，耐食性の優れた溶接構造用合金である。	船舶用材，圧力容器，磁気ディスクなど。
5N01		3003とほぼ同程度の強度があり，化学又は電解研磨などの光輝処理後の陽極酸化処理で高い光輝性を有する。	
A6061	6000系合金 (Al-Mg-Si系)	耐食性が良好で主にボルト・リベット接合の構造用材として用いられる。	船舶・車両・陸上構造物など。
A7075	7000系合金 (Al-Zn系)	アルミニウム合金中最高の強度をもつ合金の一つであるが，合せ板は表面に7072をはり合わせ，耐食性を改善したものである。超ジュラルミンと呼ばれる。	航空機用材，スキーなど。
7N01		強度が高く，耐食性も良好な溶接構造用合金である。	車両その他陸上構造物など。

アルミ合金の特性

アルミ合金の物性 (characteristic of aluminum alloy)

合金系統	純アルミ (1000系)			Al-Cu (2000系)					Al-Mn (3000系)		Al-Mg (3000系)	Al-Si (4000系)	Al-Mg (5000系)				Al-Mg-Si (6000系)				Al-Zn-Mg (7000系)	
JIS呼称	1050	1060	1100	2011	2014	2017	2024	2218	3003	3004	4032	5005	5052	5056	5083	6061	6063	6N01	6101	7003	7075
一般別	O H112 H12 H14	O H112 H12 H14	O H112 H12 H14	T3 T8	O T4 T6	O T4 T6	O T4	O T6 T62 T72	O H112 H12 H14	O H112 H14	T6 T6 T62	O H112 H14	O H112 H14	O H112 H14	O H112 H34	O H112 T6 T8	O T1 T5 T6	O T5 T6	T6	T5	O T6
引張り強さ (N/mm²)	78	68	88	406	480	426	470	329	108	181	377	123	260	294	289	309	186	270	216	314	573
耐力 (N/mm²)	34	29	34	308	412	274	323	255	39	69	316	39	216	245	147	274	147	225	186	254	505
ブリネル硬さHB	20	19	23	100	135	105	120	95	28	45	120	28	68	98	70	95	60	88	71	85	150
せん断強さ (N/mm²)	64	49	64	240	289	260	284	206	74	108	260	74	147	221	172	206	118	172	137	176	328
疲れ強さ (N/mm²)	29	20	34	123	123	123	137	-	49	98	108	83	122	152	108	98	69	93	-	125	157
比重 (20℃)	2.70	2.70	2.71	2.82	2.80	2.79	2.77	2.81	2.73	2.72	2.69	2.70	2.68	2.64	2.66	2.70	2.70	2.70	2.70	2.80	2.80
伝導率 (20℃) IACS(%)	61	62	59	45	40	34	30	30	50	42	35	52	35	27	29	43	55	46	57	37	33
熱伝導率 (20℃) (CGS)	0.56	0.56	0.53	0.41	0.37	0.32	0.29	0.30	0.46	0.39	0.33	0.48	0.33	0.26	0.28	0.40	0.50	0.45	0.52	0.36	0.31
熱膨張係数 (20~100) ×10⁶	23.6	23.8	23.6	22.9	23.0	23.6	23.2	22.3	23.2	24.0	19.6	23.8	23.8	24.3	23.4	23.6	23.4	23.5	23.8	-	23.6
縦弾性係数 (×1000kgf/mm²)	7.0	7.0	7.0	7.2	7.5	7.4	7.5	7.6	7.0	7.0	8.0	7.0	7.2	7.2	7.2	7.0	7.0	7.0	7.0	7.3	7.3
成形性	A	A	A	D	D	C	C	C	A	A	D	A	B	A	B	B	C	C	B	C	D
溶接性	A	A	A	D	D	C	C	C	A	B	C	A	A	A	A	A	A	A	A	B	C
ロウ付性	A	A	A	A	D	B	D	B	D	D	B	B	C	C	D	C	A	A	A	D	D
切削性	D	D	D	A	C	C	B	C	D	D	D	D	C	C	D	C	C	C	C	B	B
装飾的処理性	A	A	A	C	C	C	C	C	A	A	B	A	A	A	A	A	A	A	A	C	C
耐食性	A	A	A	C	C	C	C	C	A	A	C	A	A	A	A	A	A	A	A	C	C

プラスチック材料の物性 (plastic physical properties)

プラスチック材料の物性

	物理的性質				機械的性質						Taber式耐摩耗性	耐熱温度	熱変形温度		熱的性質 線膨張係数	熱伝導率		電気的性質 体積固有抵抗	耐電圧	誘電率	化学的性質 耐酸性	耐アルカリ性	耐有機溶剤性	4塩酸	給水率
	比重	引張強さ kgf/cm²	ロックウェル硬度	伸び %	引張弾性率 kg/kgf/cm²	アイゾット衝撃強さ kgf·cm/cm	シャルピー衝撃強さ kgf·cm/cm²	圧縮強さ kgf/cm²	曲げ強さ kgf/cm²		mg/1000 回転	℃(連続)	℃(4.6kg)	℃(18.6kg)	10⁻⁵ cm/cm·℃	10⁻⁴ cal/cm·sec·℃	耐燃性	Ω·cm	kv/mm	(10⁶)					%
ナイロン-66	.09~1.14	600~850	R110~118	60~300	1.2~2.9	4~14	10~15	910	650~1300	6~8	80~150	180~240	65~85	-30~50	10	5.8	自己消火	10⁻¹³~10⁻¹⁵	15.4	3.3~3.6	×	○	○	×	8.4
ガラス繊維入	1.41~1.42	M90 R120	200~700	20~75	2.9	7~12	·	1000~1330	900~960	6~20	90~120	160~170	110~120	-40	6.1~8.5	6.0	徐燃	10⁻¹⁴~10⁻¹⁵	26~34	3.1~3.9	×	○	◎	△	0.22~0.25
ポリカーボネート	1.20	M78 R118	650~700	89	1.9~2.5	95~100 (1/8厚)	86	780	960	13	120	180~190	137~142	<100	7.0	4.6	自己消火	2~5×10⁶	31~33	2.9	○	△	◎	○	0.24
フッ素樹脂 (PTFE)	2.1~2.2	R75~95	200~350	200~400	0.4	14~16	40	150	·	7	290	180~190	90	<100	4.5~7.0	5~6	不燃	>10¹⁸	19	<2.1	◎	◎	◎	◎	0
PPO	1.06	R118~120	770	50~80	2.66	8~10	·	910	1050	·	180	191	191	<100	2.7~3.1	4.5	自己消火	>10¹⁷	16~20	2.58	○	○	△	○	0.06
ABS	1.04~1.07	R90~115	M80~600	25~40	1.8~3.0	15~50	20~60	180~570	500~900	·	60~95	90~100	80~84	-20	7~13	1.5~6.6	徐燃	1×10¹⁶	12~16	2.7~4.7	◎	◎	△	△	0.1~0.3
ポリエチレン 高低密度 低圧法	0.94~0.96	D60~70 (ショアー)	220~380	15~100	0.4~1.0	8~100	·	·	225	70	100~120	60~80	43~49	-70~80	12~14	10	可燃	>10¹⁶	18~20	2.3~2.35	◎	◎	△	△	<0.01
ポリプロピレン	0.90~0.91	R65~110	350~390	200~700	1.1~1.6	3~8	5~	385~560	420~560	·	120~130	95~100	57~68	0~20	10~12	2.8	可燃	>10¹⁶	20~26	2.2~2.6	◎	◎	△	△	0.03
塩化ビニール (工業用)	1.45	M66~7 R115~118	530~590	40~60	2.5~2.7	3~40	5~9	750~830	700~1000	·	60~65	62~72	58~68	-20~40	6~8	3.8~4.0	自己消火	>10¹⁶	25~35	2.8~3.1	◎	◎	○	◎	0.3~0.5
塩化ビニール (耐熱用)	1.65	M75 R120	650	35	2.8	·	5.9	850	1080	·	90~110	90~100	90~100	-20~40	6~8	3.8~4.0	自己消火	>10¹⁶	25~35	2.8~3.1	◎	◎	○	◎	0.3~0.5
フェノール樹脂 (ノボラック系)	1.25~1.5	M100~120 R100~120	700~650	0.8~2.0	3~8	1.3~2.7	2.0~2.5	1500~2600	700~1200	·	150~180	150~175	150~175	·	3~7	4~7	難燃が遅い	10⁻¹⁰~10⁻¹³	6~20	4~6	○	×	○	○	0.3~1.0
エポキシ樹脂 (ビスフェノール系)	1.1~1.2	M80~100	350~840	3~10	2~5	1.5~5	~100	1000~2000	600~1200	·	110~250	50~250	50~250	·	4~8	4.2~5.0	難燃が遅い	10⁻¹²~10⁻¹⁵	20~30	3.3~4.0	◎	◎	◎	◎	0.08~1.13
FRP	1.5~2.1	M70~120 R122	1000~2000	0.5~2.0	6~14	11~100	95	1000~2000	700~2800	·	150~180	·	·	·	1.2~5.0	6~8	可燃	1×10¹⁴	19~22	3.5~5.5	○	○	△	○	0.01~1.0

CAEで使える材料物性（physical properties）
材料物性表

材料名	材質	引張り強さ MPa	引張り強さ N/mm²	材料密度 kg/m³	ヤング率（縦弾性係数）GPa	ヤング率（縦弾性係数）N/mm²	ポアソン比
一般構造用圧延鋼材	SS400	400	400	7900	206	2.1×10^5	0.3
機械構造用中炭素鋼（焼き入れ焼き戻し）	S45C	690	690	7800	205	2.1×10^5	0.3
高張力鋼	HT80	865	865	-	203	2.0×10^5	0.3
クロムモリブデン鋼	SCM440	980	980	7800	-	-	-
ニッケルクロムモリブデン鋼	SNCM439	980	980	7800	204	2.0×10^5	0.3
熱間金型用工具鋼	SKD6	1550	1550	7800	206	2.1×10^5	-
ばね鋼	SUP7	1230	1230	-	-	-	-
析出硬化型ステンレス鋼	SUS631	1225	1225	7800	204	2.0×10^5	0.3
マルテンサイト系ステンレス鋼	SUS410	540	540	7800	200	2.0×10^5	0.3
フェライト系ステンレス鋼	SUS430	450	450	7800	200	2.0×10^5	0.3
オーステナイト系ステンレス鋼	SUS304	520	520	8000	197	2.0×10^5	0.3
ねずみ鋳鉄		450	450	7200	200	2.0×10^5	-
球状黒鉛鋳鉄	FCD370	370	370	7100	161	1.6×10^5	-
オーステンパ球状黒鉛鋳鉄	FCD900A	900	900	-	-	-	-
黒心可鍛鋳鉄	FCMB360	360	360	7400	172	1.7×10^5	-
無酸素銅	C1020	195	195	8900	117	1.2×10^5	0.33
7/3黄銅	C2600	280	280	8500	110	1.1×10^5	0.35
6/4黄銅	C2801	330	330	8400	103	1.0×10^5	0.35
りん青銅	C5212P	600	600	8800	110	1.1×10^5	0.38
ベリリウム銅	C1720	900	900	8200	130	1.3×10^5	-
黄銅鋳物	YbsC2	195	195	8500	78	7.8×10^4	-
青銅鋳物	BC2C	275	275	8700	96	9.6×10^4	0.36
りん青銅鋳物	PBC2C	295	295	8800	-	-	-
工業用アルミニウム	A1085P	55	55	2700	69	6.9×10^4	0.34
耐食アルミニウム	A5083P	345	345	2700	72	7.2×10^4	0.34
ジュラルミン	A2017P	355	355	2800	69	6.9×10^4	0.34
超ジュラルミン	A2024P	430	430	2800	74	7.4×10^4	0.34
超々ジュラルミン	A7075P	537	537	2800	72	7.2×10^4	0.34
マグネシウム合金（板）	MP5	250	250	1800	40	4.0×10^4	-
マグネシウム合金（棒）	MB1	230	230	1800	40	4.0×10^4	-
マグネシウム鋳物	MC1	240	240	1800	45	4.5×10^4	-
工業用純チタン	C.P.Ti	320	320	4600	106	1.1×10^5	0.32
チタン6Al-4V合金		980	980	4400	106	1.1×10^5	0.32
チタン5-2-5合金		860	860	-	118	1.2×10^5	0.32
亜鉛ダイカスト合金	ZDC1	325	325	6600	89	8.9×10^4	-
ガラス（クラウン）		-	-	-	71	7.1×10^4	0.22
ガラス（フリント）		-	-	-	80	8.0×10^4	0.27
樹脂（フェノール）		49.4	49.4	-	5	4.9×10^3	-
樹脂（メラニン）		49.4	49.4	-	9	9.2×10^3	-
樹脂（エポキシ）		84.7	84.7	-	3	3.1×10^3	0.34

主な金属の線膨張係数 (co-efficient of linear expansion)

> 線膨張係数（線膨張率）とは、1K（℃）当たりの温度の上昇により、長さが伸びる割合をいう。温度変化による熱応力解析で用いられる。

主な金属の線膨張係数（20℃） （単位：1/K）

低炭素鋼	12.5×10^{-6}
高炭素鋼	10.5×10^{-6}
銅	16.5×10^{-6}
青銅	17.5×10^{-6}
アルミニウム	23×10^{-6}
ステンレス（SUS304）	17.3×10^{-6}
タングステン	4×10^{-6}
金	14×10^{-6}
亜鉛	33×10^{-6}
純チタン	8.4×10^{-6}
マグネシウム合金	27×10^{-6}
ガラス	8.5×10^{-6}

上記の値は代表値であり、保証値ではない

温度変化に伴う材料の伸縮は次式で表される。
$\Delta L = \alpha \cdot L \cdot \Delta T$ （ΔL：伸び、L：長さ、ΔT：温度上昇）

摩擦係数 (friction factor)

摩擦係数とは、ふたつの物体が相接して運動するとき、物体の運動を妨げる力(=摩擦力)を表す係数をいい、次式で表される。

$$\mu = \frac{F}{N} \quad \mu：摩擦係数 \quad F：摩擦力 \quad N：垂直抗力$$

鉄と各種純物質との摩擦係数

鉄	0.52	炭素	0.15
銅	0.46	クロム	0.53
アルミニウム	0.82	モリブデン	0.47
チタン	0.59	マンガン	0.57
マグネシウム	0.34	すず	0.29
亜鉛	0.5	タングステン	0.47
鉛	0.52	イリジウム	0.51
金	0.54	ベリリウム	0.43
銀	0.32	ケイ素	0.58
白金	0.56	カルシウム	0.67
ニッケル	0.58	ゲルマニウム	0.66

転がり摩擦係数

回転体	転がり面	転がり摩擦係数
1/16in φ 鋼球	硬鋼	0.00002
	軟鋼	0.00004 〜 0.0001
	黄銅	0.000045
	銅	0.00012
	アルミニウム	0.001
	すず	0.0012
	鉛	0.0014
	ガラス	0.000014

脂材料の表記 (Resin material marking)

樹脂材料の表記とは、樹脂材料のリサイクルのため、成型部品などに材料名を明記することをいい、金型に樹脂材料を示す表記記号を彫り込む。
例) >PC< （ポリカーボネート）
　　>ABS< （ABS樹脂）

リサイクルのために成形品に表記する樹脂材料記号

表記記号	材料名	
ABS	ABS 樹脂	Acrylonitrile/Butadiene/Styrene
AS	AS 樹脂	Styrene/acrylonitrile
PA6	ポリアミド6（6ナイロン）	Polyamide6
PC	ポリカーボネート	Polycarbonate
PE	ポリエチレン	Polyethylene
PET	ポリエチレンテレフタート（ペット）	Polyethylene terephthalate
PF	フェノール樹脂	Phenol-formaldehyde
PMMA	メタクリル樹脂（アクリル樹脂）	Polymethyl methacrylate
POM	アセタール樹脂（ポリアセタール）	Polyoxymethylene (Polyacetal);Polyformaldehyde
PP	ポリプロピレン（PPシート）	Polypropylene
PS	ポリスチレン（スチロール樹脂）	Polystyrene
PU・PUR	ポリウレタン	Polyurethane
PVC	塩化ビニル樹脂	Polyvinyl chloride
PC/ABS	ポリカABS	Polycarbonate/ABS
~-HI	耐衝撃性~	High-impact modified ~
(例) PS-HI	耐衝撃性ポリスチレン	High-impact modified polystyrene
~-P	軟質~	Plasticized ~
(例) PVC-P	軟質塩ビ	Plasticized polyvinyl chloride
~-U	硬質~	Unplasticized ~
(例) PVC-U	硬質塩ビ	Unplasticized polyvinyl chloride
~-GF~	ガラス繊維~%混入する~	Grass-fiber reinforced ~
(例) PS-GF~	ガラス繊維~%混入するポリスチレン	Grass-fiber reinforced polystyrene
R-	再生~	Recycled ~
(例) R-PS	再生ポリスチレン	Recycled polystyrene

加工品の表面粗さ（Surface roughness）目安

表面粗さとは、対象物の表面からランダムに抜き取った各部分における表面粗さを表すパラメータである算術平均粗さ（Ra）、最大高さ（Rz）などをいう。
日本を含めて、世界的にもRa（算術平均粗さ）の採用が多いが、圧力のかかる装置のように"漏れ"が許されないパッキン部では、一箇所でも深い傷があると機能を果たさない可能性があるためRz（最大高さ）を指示する。

加工法別　素材表面粗さの目安

加工法	Ra相当	0.03	0.05	0.1	0.2	0.4	0.8	1.6	3.2	5	6.3	8	13	16	25	32	50	80	100	15
	三角記号	▽▽▽▽				▽▽▽			▽▽					▽						
熱間圧延																				
冷間圧延																				
引抜き																				
押し出し																				
鍛造									精密											
鋳造									精密											
転造																				
ダイカスト																				

加工法別　加工面表面粗さの目安

加工法	Ra相当	0.03	0.05	0.1	0.2	0.4	0.8	1.6	3.2	5	6.3	8	13	16	25	32	50	80	100	15
	三角記号	▽▽▽▽				▽▽▽			▽▽					▽						
正面フライス							精密													
フライス							精密													
平削り																				
旋盤				精密		上		中				荒								
中ぐり							精密													
リーマ					精密															
ブローチ					精密															
シェービング																				
研削			精密	上	中		荒													
やすり仕上げ						精密														
バフ仕上げ				精密																
ペーパー仕上げ			精密																	
バニッシング																				
電解研磨		精密																		

Chapter 7

機械要素の基礎

ねじの表記
メートル並目ねじ・細目ねじ規格表
ユニファイ並目ねじ・細目ねじ規格表
追加工に使えるねじの下穴径
十字穴付きなべ小ねじの呼び長さ
皿小ねじの呼び長さ
六角穴付き止めねじの呼び長さ
六角穴付きボルトの呼び長さ
六角ボルトの呼び長さ
六角ナット・六角低ナットの高さと二面幅
ばね座金の内径d・厚みt・外径D
平座金の内径d・厚みt・外径D
C型止め輪（穴寸法公差）
C型止め輪（軸寸法公差）
E型止め輪（軸寸法公差）
平行ピンの寸法
スプリングピンの寸法
キー溝の寸法
Oリングの注意点と表面粗さ
軸受のはめあい選定基準
転がり軸受のはめあいと温度変化
軸受の荷重配分
転がり軸受の寿命
平歯車・はすば歯車の基本公式
歯車のバックラッシ
コイルばね設計上の注意
コイルばねの基本公式
コイルバネの固有振動数
主な表面処理法の原理と特徴

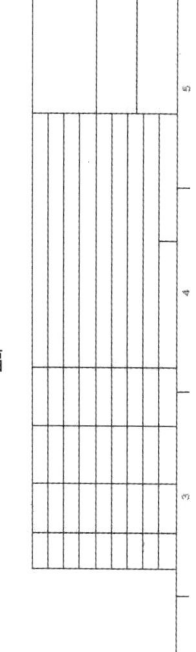

ねじ (Screw) の表記

　　ねじの呼びは、ねじの種類を表す記号、直径又は呼び径を表す数字及びピッチ又は25.4mmについてのねじ山数（以下、山数という）を用い、下記の①～③のいずれかによって表す。(JIS B 0123)

ねじの呼び

①ピッチをミリメートルで表すねじの場合

| ねじの種類を表す記号　ねじの呼び径を表す数字×ピッチ |

　　ただし、メートル並目ねじ及びミニチュアねじのように、同一呼び径に対してピッチがただひとつ規定されているねじでは、一般にピッチは省略する。
　　例）M8（メートル並目ねじ）　M8×1（メートル細目ねじ）

　　多条メートルねじの場合

| ねじの種類を表す記号　ねじの呼び径を表す数字×Lリード　Pピッチ |

　　多条メートル台形ねじの場合

| ねじの種類を表す記号　ねじの呼び径を表す数字×Lリード　（Pピッチ） |

②ピッチを山数で表すねじ（ユニファイを除く）の場合

| ねじの種類を表す記号　ねじの直径を表す数字－山数 |

③ユニファイねじの場合

| ねじの直径を表す記号－山数－ねじの種類を表す記号 |

ねじの表し方の基本

ねじの呼び　－　ねじの等級　－　ねじ山の巻き方向

例）
M8-6g ………………………………メートル並目ねじ　M8等級6gのおねじ
M14×1.5-5H………………………メートル細目ねじ　M14等級5Hのめねじ
M8×L2.5P1.25-7H-LH ……左2条メートル並目ねじ　M8等級7級のめねじ
S0.5-3G6/5h3 ………………ミニチュアねじ　S0.5等級3G6のめねじと等級5h3のおねじの組み合わせ
R1/2-LH ……………………………左1条管用テーパねじ　R1/2のテーパおねじ
G1/2-A ……………………………管用平行ねじ　G1/2等級Aのおねじ
No.10-32UNF-2B……………ユニファイ細目ねじ　No.10-32UNF等級2Bのめねじ
1/2-13UNC-2A-LH …………左1条ユニファイ並目ねじ　1/2-13UNC等級2Aのおねじ
　　　　　　　　　　　　　　　　※2A…おねじ　　2B…めねじ

メートル並目ねじ (Metric Coarse Screw Threads)
メートル細目ねじ (Metric Fine Screw Threads)規格表

> メートルねじとは、ねじ山の角度が60°の三角ねじをいう。メートルねじには並目ねじと細目ねじがあり、メートル並目ねじが最も一般的に用いられる。メートル細目ねじはそれよりもピッチが細かいねじのことである。

ねじの呼び	メートル並目ねじの基準寸法			メートル細目ねじの基準寸法		
	ピッチ P	めねじ		ピッチ P	めねじ	
		谷の径D	内径D1		谷の径D	内径D1
		おねじ			おねじ	
		外径d	谷の径d1		外径d	谷の径d1
M1	0.25	1	0.729	0.2	1	0.783
M1.2	0.25	1.2	0.929	0.2	1.2	0.983
M1.6	0.35	1.6	1.221	0.2	1.6	1.383
M2	0.4	2	1.567	0.25	2	1.729
M2.5	0.45	2.5	2.013	0.35	2.5	2.121
M3	0.5	3	2.459	0.35	3	2.621
M4	0.7	4	3.242	0.5	4	3.459
M5	0.8	5	4.134	0.5	5	4.459
M6	1	6	4.917	0.75	6	5.188
M8	1.25	8	6.647	1	8	6.917
M10	1.5	10	8.376	1.25	10	8.647
M12	1.75	12	10.106	1.25	12	10.647
M16	2	16	13.835	1.5	16	14.376
M20	2.5	20	17.294	1.5	20	18.376
M24	3	24	20.752	2	24	21.835
M30	3.5	30	26.211	2	30	27.835
M36	4	36	31.67	3	36	32.752
M42	4.5	42	37.129	4	42	37.67
M48	5	48	42.587	4	48	43.67
M56	5.5	56	50.046	4	56	51.67
M64	6	64	57.505	4	64	59.67

ユニファイ並目ねじ (unified coarse screw threads)
細目ねじ (unified fine screw threads) 規格表

> ユニファイねじとは、インチねじのANSI規格品のことをいい、1インチ (25.4mm) あたりのねじ山の数を規定しています。

ユニファイ(インチ)ねじ

呼び	山数・NC 並目	山数・NF 細目	ピッチ (ミリ換算)	ネジの外径許容寸法 最大	ネジの外径許容寸法 最小
No.0		80	0.317	1.51	1.43
No.1		72	0.352	1.83	1.75
No.2	56		0.453	2.16	2.06
No.3	48		0.529	2.49	2.38
N0.4	40		0.635	2.82	2.69
No.5	40		0.635	3.15	3.02
No.6	32		0.793	3.48	3.33
No.8	32		0.793	4.14	3.99
No.10	24		1.058	4.8	4.61
No.10		32	0.793	4.8	4.65
No.12	24		1.058	5.46	5.27
1/4	20		1.27	6.32	6.11
1/4		28	0.907	6.32	6.16
5/16	18		1.411	7.9	7.68
5/16		24	1.058	7.9	7.72
3/8	16		1.587	9.49	9.25
3/8		24	1.058	9.49	9.31
7/16	14		1.814	11.07	10.81
7/16		20	1.27	11.07	10.87
1/2	13		1.953	12.66	12.38
1/2		20	1.27	12.66	12.46
9/16	12		2.116	14.24	13.95
9/16		18	1.411	14.24	14.03
5/8	11		2.309	15.83	15.52
5/8		18	1.411	15.83	15.61
3/4	10	16			
7/8	9	14			
1	8				

追加工に使えるねじの下穴径(hole before threading)

ねじの下穴径とは、雌ねじ加工する前のドリル穴の直径をいう。

ねじの下穴径の算出式
下穴径D=ねじの呼びd−ピッチP

メートル並目ねじの下穴径

ねじの呼びd (mm)	ピッチP	下穴径D(mm)
M1	0.25	0.8
M1.2	0.25	1.0
M1.6	0.35	1.3
M2	0.4	1.6
M2.5	0.45	2.1
M3	0.5	2.5
M4	0.7	3.3
M5	0.8	4.2
M6	1	5.0
M8	1.25	6.8
M10	1.5	8.5
M12	1.75	10.3
M16	2	14.0

メートル細目ねじの下穴径

ねじの呼びd (mm)	ピッチ	下穴径D(mm)
M 3 ×0.35	0.35	2.7
M 4 ×0.5	0.5	3.5
M 5 ×0.5	0.5	4.5
M 6 ×0.75	0.75	5.3
M 8 ×1	1	7
M 8 ×0.75	0.75	7.3
M10 ×1.25	1.25	8.8
M10 ×1	1	9

十字穴付きなべ小ねじ(cross recessed pan head Screw)の呼び長さ

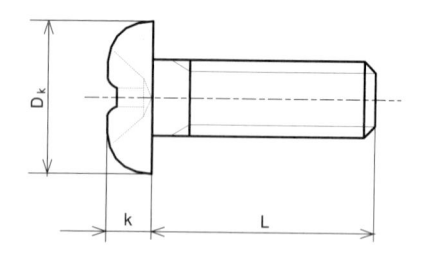

十字穴付きなべ小ねじ

ねじの呼び	M1.6	M2	M2.5	M3	M4	M5	M6	M8	M10
k (最大)	1.3	1.6	2.1	2.4	3.1	3.7	4.6	6.0	7.5
dk (最大)	3.2	4.0	5.0	5.6	8.0	9.5	12.0	16.0	20.0

呼び長さ L:
3, 4, 5, 6, 8, 10, 12, (14), 16, 20, 25, 30, 35, 40, 45, 50, (55), 60

皿小ねじ(cross recessed countersunk head screw)の呼び長さ（強度区分4.8用）

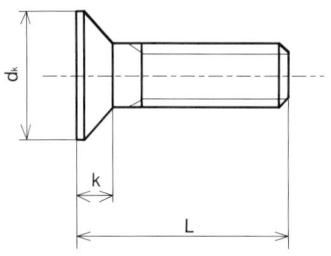

十字穴付き皿小ねじ

ねじの呼び		M1.6	M2	M2.5	M3	M4	M5	M6	M8	M10
k（最大）		1.0	1.2	1.5	1.65	2.7	2.7	3.3	4.65	5.0
d_k（最大）		3.0	3.8	4.7	5.5	8.4	9.3	11.3	15.8	18.3
呼び長さ L	3	○	○							
	4	○	○	○						
	5	○	○	○	○					
	6	○	○	○	○	○				
	8		○	○	○	○	○	○		
	10			○	○	○	○	○	○	
	12				○	○	○	○	○	○
	(14)				○	○	○	○	○	○
	16				○	○	○	○	○	○
	20				○	○	○	○	○	○
	25				○	○	○	○	○	○
	30				○	○	○	○	○	○
	35					○	○	○	○	○
	40					○	○	○	○	○
	45						○	○	○	○
	50						○	○	○	○
	(55)							○	○	○
	60							○	○	○

六角穴付き止めねじ(hexagon socket set screw)の呼び長さ（平先・くぼみ先）

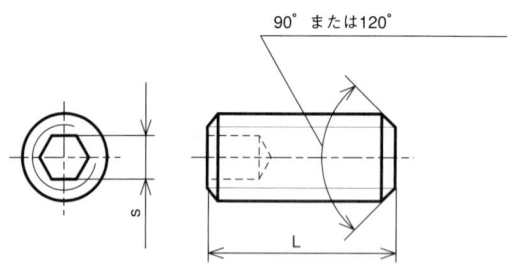

六角穴付き止めねじ（平先・くぼみ先）

呼び長さL s（呼び）		M1.6 0.7	M2 0.9	M2.5 1.3	M3 1.5	M4 2	M5 2.5	M6 3	M8 4	M10 5	M12 6	M16 8	M20 10	M24 12
呼び長さL	2	●	●											
	2.5	●	●	●										
	3	●	●	●	●									
	4	●	●	●	●	●								
	5	●	●	●	●	●	●							
	6	●	●	●	●	●	●	●						
	8	●	●	●	●	●	●	●	●					
	10		●	●	●	●	●	●	●	●				
	12			●	●	●	●	●	●	●	●			
	16				●	●	●	●	●	●	●	●		
	20					●	●	●	●	●	●	●	●	
	25						●	●	●	●	●	●	●	●
	30							●	●	●	●	●	●	●
	35								●	●	●	●	●	●
	40								●	●	●	●	●	●
	45									●	●	●	●	●
	50									●	●	●	●	●
	55										●	●	●	●
	60										●	●	●	●

※太線より上側の領域はくぼみ先は適用しない

六角穴付きボルト(hexagon socket head cap screw)の呼び長さ

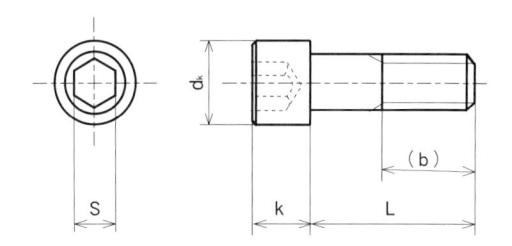

六角穴付きボルト

呼び長さL	M1.6	M2	M2.5	M3	M4	M5	M6	M8	M10	M12	M16	M20	M24	M30	M36
k(最大)	1.6	2.0	2.5	3.0	4.0	5.0	6.0	8.0	10.0	12.0	16.0	20.0	24.0	30.0	36.0
d_k(最大)	3.14	3.98	4.68	5.68	7.22	8.72	10.22	13.27	16.27	18.27	24.33	30.33	36.39	45.39	54.46
s(呼び)	1.5	1.5	2	2.5	3	4	5	6	8	10	14	17	19	22	27
b(参考)※	15	16	17	18	20	22	24	28	32	36	44	52	60	72	84
2.5	●														
3	●	●													
4	●	●	●												
5	●	●	●	●											
6	●	●	●	●	●										
8	●	●	●	●	●	●									
10	●	●	●	●	●	●	●								
12	●	●	●	●	●	●	●	●							
16	●	●	●	●	●	●	●	●	●						
20	●	●	●	●	●	●	●	●	●	●					
25		●	●	●	●	●	●	●	●	●	●				
30			●	●	●	●	●	●	●	●	●	●			
35				●	●	●	●	●	●	●	●	●			
40				●	●	●	●	●	●	●	●	●	●		
45					●	●	●	●	●	●	●	●	●	●	
50					●	●	●	●	●	●	●	●	●	●	
55						●	●	●	●	●	●	●	●	●	●
60						●	●	●	●	●	●	●	●	●	●
65							●	●	●	●	●	●	●	●	●
70							●	●	●	●	●	●	●	●	●
80								●	●	●	●	●	●	●	●
90									●	●	●	●	●	●	●
100									●	●	●	●	●	●	●
110										●	●	●	●	●	●
120										●	●	●	●	●	●
130											●	●	●	●	●
140											●	●	●	●	●
150											●	●	●	●	●
160											●	●	●	●	●
180												●	●	●	●
200												●	●	●	●

※太線より下側の領域に適用する

六角ボルト(hexagon head bolt)の呼び長さ (並目・部品等級A及びB)

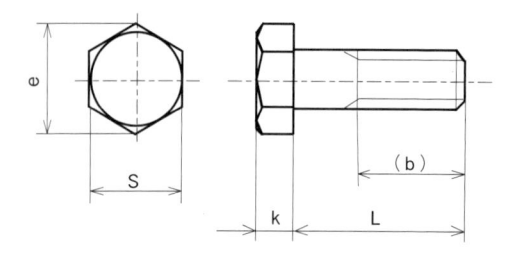

六角ボルト (並目・部品等級A及びB)

呼び長さL		M1.6	M2	M2.5	M3	M4	M5	M6	M8	M10	M12	M16	M20	M24	M30	M36	M42	M48	M56	M64
k (最大)		1.3	1.6	1.9	2.2	3.0	3.74	4.24	5.54	6.69	7.79	10.29	12.85	15.35	19.12	22.92	26.42	30.42	35.50	40.50
s (呼び)		3.2	4	5	5.5	7	8	10	13	16	18	24	30	36	46	55	65	75	85	95
e (最小)		3.28	4.18	5.31	5.88	7.5	8.63	10.89	14.2	17.59	19.95	26.17	32.95	39.55	50.85	60.79	71.3	82.6	93.56	104.86
b (参考)	L≦125	9	10	11	12	14	16	18	22	26	30	38	46	54	66	-	-	-	-	-
	125<L≦200	15	16	17	18	20	22	24	28	32	36	44	52	60	72	84	96	108	-	-
	200<L	28	29	30	31	33	35	37	41	45	49	57	65	73	85	97	109	121	137	153

呼び長さL: 2, 3, 4, 5, 6, 8, 10, 12, 16, 20, 25, 30, 35, 40, 45, 50, 55, 60, 65, 70, 80, 90, 100, 110, 120, 130, 140, 150, 160, 180, 200

六角ナット(hexagon nut)・六角低ナットの高さと二面幅

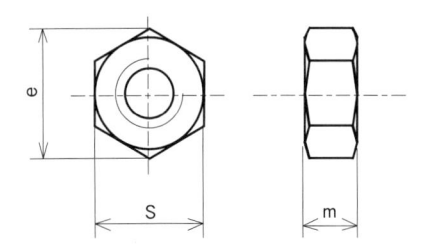

六角ナット（スタイル1　並目ねじ）

呼び	M1.6	M2	M2.5	M3	M4	M5	M6	M8	M10	M12
m（最大）	1.3	1.6	2	2.4	3.2	4.7	5.2	6.8	8.4	10.8
s（最大）	3.2	4	5	5.5	7	8	10	13	16	18
e（最小）	3.41	4.32	5.45	6.01	7.66	8.79	11.05	14.38	17.77	20.03

呼び	M16	M20	M24	M30	M36	M42	M48	M56	M64
m（最大）	14.8	18	21.5	25.6	31	34	38	45	51
s（最大）	24	30	36	46	55	65	75	85	95
e（最小）	26.75	32.95	39.55	50.85	60.79	71.3	82.6	93.56	104.86

六角低ナット（両面取り　並目ねじ）

呼び	M1.6	M2	M2.5	M3	M4	M5	M6	M8	M10	M12
m（最大）	1	1.2	1.6	1.8	2.2	2.7	3.2	4	5	6
s（最大）	3.2	4	5	5.5	7	8	10	13	16	18
e（最小）	3.41	4.32	5.45	6.01	7.66	8.79	11.05	14.38	17.77	20.03

呼び	M16	M20	M24	M30	M36	M42	M48	M56	M64
m（最大）	8	10	12	15	18	21	24	28	32
s（最大）	24	30	36	46	55	65	75	85	95
e（最小）	26.75	32.95	39.55	50.85	60.79	71.3	82.6	93.56	104.86

ばね座金(spring lock washer)の内径d・厚みt・外径D

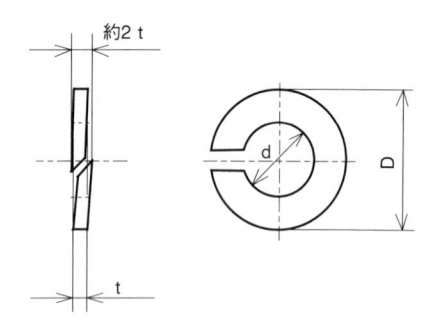

バネ座金一般用の内径・厚み・外径

呼び	内径 d 基準寸法	内径 d 許容差	厚さ t	外径D（最大）
2	2.1	+0.25 / 0	0.5	4.4
2.5	2.6	+0.3 / 0	0.6	5.2
3	3.1		0.7	5.9
4	4.1	+0.4 / 0	1	7.6
5	5.1		1.3	9.2
6	6.1		1.5	12.2
8	8.2	+0.5 / 0	2	15.4
10	10.2		2.5	18.4
12	12.2	+0.6 / 0	3	21.5
16	16.2	+0.8 / 0	4	28
20	20.2		5.1	33.8
24	24.5	+1 / 0	5.9	40.3
30	30.5	+1.2 / 0	7.5	49.9
36	36.5	+1.4 / 0	9	59.1

平座金(plain washer)一般用の内径d・厚みt・外径D

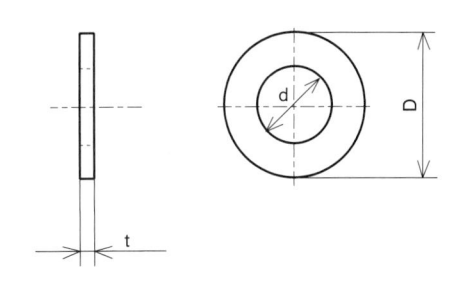

平座金一般用の内径・厚み・外径

呼び	内径 (d)		外径 (D)				厚み (t)	
			小形丸		ミガキ丸			
	標準寸法	許容差	標準寸法	許容差	標準寸法	許容差	標準寸法	許容差
1	1.1	+0.15 / 0	2.5	0 / -0.25	--		0.3	±0.04
1.2	1.3		2.8					
1.6	1.7		3.8	0 / -0.3				
2	2.2		4.3		5	0 / -0.3		
2.5	2.7	+0.2 / 0	5	0 / -0.35	6.5	0 / -0.35	0.5	±0.05
3	3		6		7			
4	4.3		8		9		0.8	±0.1
5	5.3		10		10		1	
6	6.4	+0.25 / 0	11.5	0 / -0.4	12.5	0 / -0.4	1.6	±0.15
8	8.4		15.5		17			
10	10.5	+0.3 / 0	18	0 / -0.5	21	0 / -0.5	2	±0.2
12	13		21		24		2.5	±0.25
16	17		28		30		3±	0.3
20	21	+0.35 / 0	34	0 / -0.6	37	0 / -0.6		
24	25		39		44		4±	0.4
30	31	+0.4 / 0	50		56			
36	37		60	0 / -0.8	66	0 / -0.8	5	±0.5
42	43				78		7	±0.7
48	50				92	0 / -1	8	
56	58	+0.5 / 0	--		105		9	
64	66				115			
72	74				125	0 / -1.2	10	±1
80	82	+0.55 / 0			140		12	

127

C型止め輪 (Retaining rings - C type)
穴寸法公差

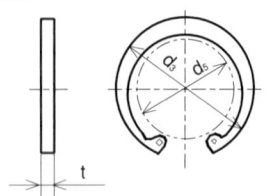

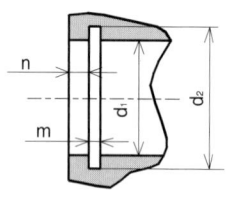

d_5は穴にはめるときの内周の最小径

止め輪（穴用）

呼び		止め輪		適用する穴（参考）				
1	2	d_3	t	d_5	d_1	d_2		m	n (最小)
10		10.7		3	10	10.4			
11		11.8		4	11	11.4			
12		13		5	12	12.5			
	13	14.1		6	13	13.6	+0.11		
14		15.1		7	14	14.6	0		
	15	16.2	1	8	15	15.7			
16		17.3		8	16	16.8		1.15	
	17	18.3		9	17	17.8			
18		19.5		10	18	19			1.5
19		20.5		11	19	20			
20		21.5		12	20	21			
22		23.5		13	22	23	+0.21		
	24	25.9		15	24	25.2	0		
25		26.9		16	25	26.5			
	26	27.9	1.2	16	26	27.2		1.35	
28		30.1		18	28	29.4			
30		32.1		20	30	31.4			
32		34.4		21	32	33.7			
35		37.8		24	35	37			
	36	38.8		25	36	38		1.75	+0.14
37		39.8	1.6	26	37	39	+0.25		0
	38	40.8		27	38	40	0		
40		43.5		28	40	42.5			
42		45.5		30	42	44.5			
45		48.5	1.8	33	45	47.5		1.95	
47		50.5		34	47	49.5			2
	48	51.5		35	48	50.5			
50		54.2		37	50	53			
52		56.2		39	52	55			
55		59.2		41	55	58			
	56	60.2	2	42	56	59		2.2	
60		64.2		46	60	63			
62		66.2		48	62	65	+0.30		
	63	67.2		49	63	66	0		
	65	69.2		50	65	68			
68		72.5		53	68	71			
	70	74.5		55	70	73		2.7	2.5
72		76.5	2.5	57	72	75			
75		79.5		60	75	78			
80		85.5		64	80	83.5			
85		90.5		69	85	88.5			
90		95.5	3	73	90	93.5	+0.35	3.2	3
95		100.5		77	95	98.5	0		
100		105.5		82	100	103.5			
	105	112		86	105	109			+0.18
110		117		89	110	114	+0.54		0
	112	119	4	90	112	116	0	4.2	
	115	122		94	115	119			4
120		127		98	120	124	+0.63		
125		132		100	125	129	0		

C型止め輪(Retaining rings - C type)
軸寸法公差

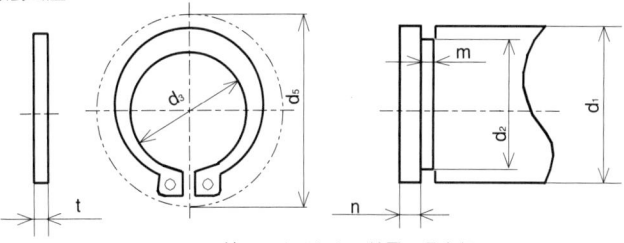

d₅は軸にはめるときの外周の最大径

止め輪(軸用)

呼び		止め輪		適用する軸(参考)				
1	2	d_3	t	d_5	d_1	d_2		m	n (最小)
10		9.3	1	17	10	9.6	$^{0}_{-0.09}$	1.15	1.5
	11	10.2		18	11	10.5			
12		11.1		19	12	11.5			
14		12.9		22	14	13.4			
15		13.8		23	15	14.3	$^{0}_{-0.11}$		
16		14.7		24	16	15.2			
17		15.7		25	17	16.2			
18		16.5	1.2	26	18	17		1.35	
	19	17.5		27	19	18			
20		18.5		28	20	19			
22		20.5		31	22	21			
	24	22.2		33	24	22.9	$^{0}_{-0.21}$		
25		23.2		34	25	23.9			
26	26	24.2		35	26	24.9			
28		25.9	1.6	38	28	26.6		1.75	+0.14 / 0
30		27.9		40	30	28.6			
32		29.6		43	32	30.3			
35		32.2		46	35	33			
	36	33.2	1.8	47	36	34	$^{0}_{-0.25}$	1.95	2
	38	35.2		50	38	36			
40		37		53	40	38			
	42	38.5		55	42	39.5			
45		41.5		58	45	42.5			
	48	44.5		62	48	45.5			
50		45.8	2	64	50	47		2.2	
55		50.8		70	55	52			
	56	51.8		71	56	53			
60		55.8		75	60	57	$^{0}_{-0.30}$		
65		60.8	2.5	81	65	62		2.7	2.5
70		65.5		86	70	67			
75		70.5		92	75	72			
80		74.5		97	80	76.5			
85		79.5	3	103	85	81.9	$^{0}_{-0.35}$	3.2	3
90		84.5		108	90	86.5			
95		89.5		114	95	91.5			
100		94.5		119	100	96.5			
	105	98	4	125	105	101	$^{0}_{-0.54}$	4.2	+0.18 / 0
110		103		131	110	106			4
120		113		143	120	116			

E型止め輪(Retaining rings - E type)
軸寸法公差

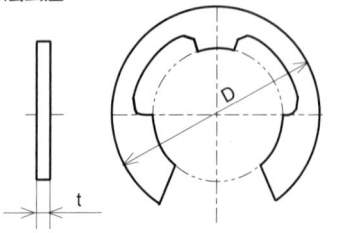

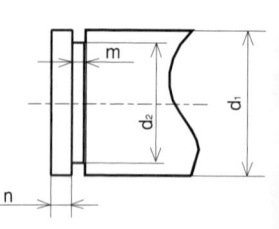

E型止め輪

呼び径	止め輪			適用する軸						参考 n
	D	t		参考 d_1の区分		d_2		m		
				以上	未満	基準寸法	許容差	基準寸法	許容差	最小
0.8	2	0.2		1	1.4	0.8	+0.05 0	0.3	+0.05 0	0.4
1.2	3	0.3		1.4	2	1.2		0.4		0.6
1.5	4			2	2.5	1.5	+0.06 0	0.5		0.8
2	5	0.4		2.5	3.2	2				
2.5	6			3.2	4	2.5				1
3	7			4	5	3				
4	9	0.6		5	7	4	+0.075 0	0.7		
5	11			6	8	5			+0.1 0	1.2
6	12			7	9	6				
7	14	0.8		8	11	7		0.9		1.5
8	16			9	12	8	+0.09 0			1.8
9	18			10	14	9				2
10	20	1.0		11	15	10		1.15		
12	23			13	18	12	+0.11 0		+0.14 0	2.5
15	29	1.6		16	24	15				3
19	37			20	31	19	+0.13 0	1.75		3.5
24	44	2.0		25	38	24	0	2.2		4

平行ピン(parallel pin)の寸法

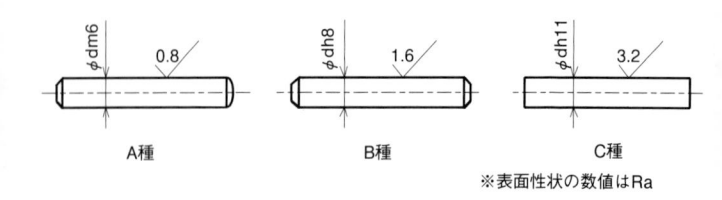

A種 φdm6 0.8

B種 φdh8 1.6

C種 φdh11 3.2

※表面性状の数値はRa

平行ピンの寸法

呼び径	基準寸法	d		
		許容差		
		A種 (m6)	B種 (h8)	C種 (h11)
0.6	0.6	+0.008 +0.002	0 -0.014	0 -0.060
0.8	0.8			
1	1			
1.2	1.2			
1.5	1.5			
1.6	1.6			
2	2			
2.5	2.5			
3	3			
4	4	+0.012 +0.004	0 -0.018	0 -0.075
5	5			
6	6			
8	8	+0.015 +0.006	0 -0.022	0 -0.090
10	10			
12	12	+0.018 +0.007	0 -0.027	0 -0.110
13	13			
16	16			
20	20	+0.021 +0.008	0 -0.033	0 -0.130
25	25			
30	30			
40	40	+0.025 +0.009	0 -0.039	0 -0.160
50	50			

スプリングピン（spring pin）の寸法

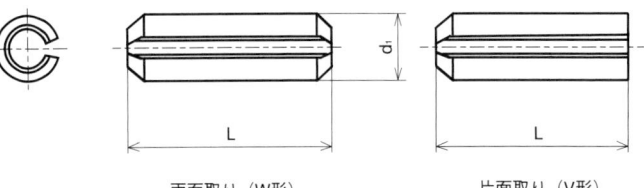

両面取り（W形）　　　　　片面取り（V形）

スプリングピンの寸法

呼び径		1	1.2	1.4	1.5	1.6	2	2.5	3.25	4	5	6	8	10	13
d_1	最大	1.2	1.4	1.6	1.7	1.8	2.25	2.75	3.25	4.4	5.4	6.4	8.6	10.6	13.7
	最小	1.1	1.3	1.5	1.6	1.7	2.15	2.65	3.15	4.2	5.2	6.2	8.3	10.3	13.4
二重剪断荷重	一般用 kN	0.69	1.02	1.35	1.55	1.68	2.76	4.31	6.2	10.8	17.25	24.83	44.13	68.94	112.78
（最小値）	(A) kgf	70	104	138	158	180	281	440	656	1,130	1,760	2,610	4,500	7,030	11,500
適用する穴 （参考）	径	1	1.2	1.4	1.5	1.6	2	2.5	3	4	5	6	8	10	13
	許容差	+0.08 / 0					+0.09 / 0			+0.12 / 0			+0.15 / 0		+0.2 / 0

長さL	許容差	1	1.2	1.4	1.5	1.6	2	2.5	3.25	4	5	6	8	10	13
4	+0.5 / 0	●	●	●											
5		●	●	●	●										
6		●	●	●	●	●	●								
8		●	●	●	●	●	●	●							
10		●	●	●	●	●	●	●	●						
12	+1 / 0		●	●	●	●	●	●	●	●					
14				●	●	●	●	●	●	●	●				
16				●	●	●	●	●	●	●	●				
18						●	●	●	●	●	●	●			
20							●	●	●	●	●	●			
22							●	●	●	●	●	●	●		
25							●	●	●	●	●	●	●		
28								●	●	●	●	●	●	●	
32								●	●	●	●	●	●	●	
36									●	●	●	●	●	●	●
40									●	●	●	●	●	●	●
45										●	●	●	●	●	●
50										●	●	●	●	●	●
56	+1.5 / 0										●	●	●	●	●
63											●	●	●	●	●
70												●	●	●	●
80												●	●	●	●
90													●	●	●
100													●	●	●
110														●	●
125														●	●
140															●

キー溝(keyway)の寸法（平行キー:parallel key）

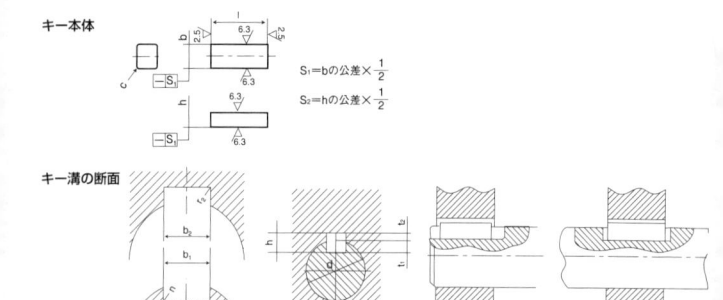

キー本体

$S_1 = b$ の公差 $\times \dfrac{1}{2}$

$S_2 = h$ の公差 $\times \dfrac{1}{2}$

キー溝の断面

単位：mm

キーの呼び寸法 $b \times h$	キーの寸法							キー溝の寸法										参考
	b				h		c(°)	l(°)	b_1 及び b_2 の基準寸法	滑動型		普通型		締込み型	r_1 及び r_2	t_1 の基準寸法	t_2 の基準寸法	t_1 及び t_2 の許容差	適応する軸径(°) d
	基準寸法	許容差 (h9)	基準寸法	許容差					b_1 許容差 (H9)	b_2 許容差 (D10)	b_1 許容差 (N9)	b_2 許容差 (Js9)	b_1 及び b_2 (P9)					
2×2	2	0 −0.025	2	0 −0.025	0.16〜0.25	6〜20	2	+0.025 0	+0.060 +0.020	−0.004 −0.029	±0.0125	−0.006 −0.031	0.08〜0.16	1.2	1.0	+0.1 0	6〜8
3×3	3		3			6〜36	3							1.8	1.4		8〜10
4×4	4	0 −0.030	4	0 −0.030		8〜45	4	+0.030 0	+0.078 +0.030	0 −0.030	±0.0150	−0.012 −0.042		2.5	1.8		10〜12
5×5	5		5		h9	10〜56	5							3.0	2.3		12〜17
6×6	6		6			14〜70	6							3.5	2.8		17〜22
(7×7)	7	0 −0.036	7	0 −0.036	0.25〜0.40	16〜80	7	+0.036 0	+0.098 +0.040	0 −0.036	±0.0180	−0.015 −0.051	0.16〜0.25	4.0	3.3		20〜25
8×7	8		7			18〜90	8							4.0	3.3		22〜30
10×8	10		8			22〜110	10							5.0	3.3		30〜38
12×8	12		8	0 −0.090		28〜140	12							5.0	3.3		38〜44
14×9	14		9		0.40〜0.60	36〜160	14	+0.043 0	+0.120 +0.050	0 −0.043	±0.0215	−0.018 −0.061	0.25〜0.40	5.5	3.8		44〜50
(15×10)	15	0 −0.043	10			40〜180	15							5.0	5.3		50〜55
16×10	16		10			45〜180	16							6.0	4.3	+0.2 0	50〜58
18×11	18		11			50〜200	18							7.0	4.4		58〜65
20×12	20		12	h11		56〜220	20							7.5	4.9		65〜75
22×14	22	0 −0.052	14			63〜250	22	+0.052 0	+0.149 +0.065	0 −0.052	±0.0260	−0.022 −0.074		9.0	5.4		75〜85
(24×16)	24		16	0 −0.110		70〜280	24							8.0	8.4		80〜90
25×14	25		14		0.60〜0.80	70〜280	25							9.0	5.4		85〜95
28×16	28		16			80〜320	28							10.0	6.4		95〜110
32×18	32	0 −0.062	18			90〜360	32	+0.062 0	+0.180 +0.080	0 −0.062	±0.0310	−0.026 −0.088		11.0	7.4		110〜130

キー溝(keyway)の寸法（勾配キー:taper key）

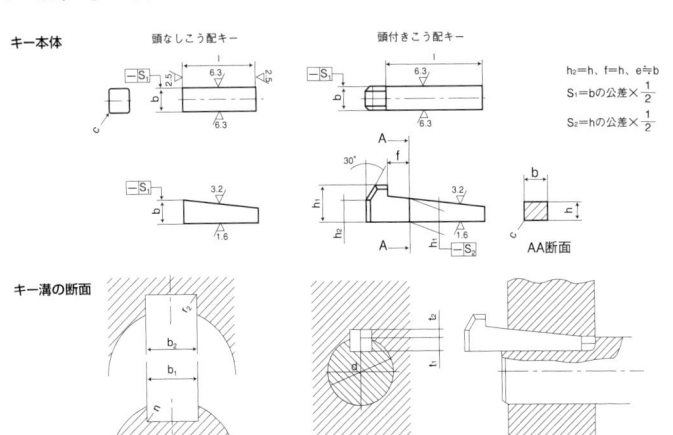

キー本体

頭なしこう配キー　　　　頭付きこう配キー

$h_2 = h$, $f = h$, $e \fallingdotseq b$
$S_1 = b$ の公差 $\times \dfrac{1}{2}$
$S_2 = h$ の公差 $\times \dfrac{1}{2}$

キー溝の断面

キーの呼び寸法 b×h	キーの寸法							キー溝の寸法							参考
	b		h		h₁	c	l	b₁及びb₂		t₁及びt₂	t₁の基準寸法	t₂の基準寸法	t₁及びt₂の許容差	適応する軸径 d
	基準寸法	許容差 (h9)	基準寸法	許容差				基準寸法	許容差 (D10)					
2×2	2	0 −0.025	2	0 −0.025	—	0.16～0.25	6～30	2	+0.060 +0.020	0.08～0.16	1.2	0.5	+0.05 0	6～8
3×3	3		3				6～36	3			1.8	0.9		8～10
4×4	4	0 −0.030	4	0 −0.030	7		8～45	4	+0.078 +0.030		2.5	1.2		10～12
5×5	5		5		8		10～56	5			3.0	1.7	+0.1 0	12～17
6×6	6		6	h9	10		14～70	6			3.5	2.2		17～22
(7×7)	7	0 −0.036	7.2	0 −0.036	10	0.25～0.40	16～80	7	+0.098 +0.040	0.16～0.25	4.0	3.0		20～25
8×7	8		7		11		18～90	8			4.0	2.4		22～30
10×8	10		8	0 −0.090	12		22～110	10			5.0	2.4	+0.2 0	30～38
12×8	12		8		12		28～140	12			5.0	2.4		38～44
14×9	14		9	h11	14		36～160	14			5.5	2.9		44～50
(15×10)	15	0 −0.043	10.2	0 −0.070	15	0.40～0.60	40～180	15	+0.120 +0.060	0.25～0.40	5.0	5.0	+0.1 0	50～55
16×10	16		10	0 −0.090	16		45～180	16			6.0	3.4		50～58
18×11	18		11	h11	18		50～200	18			7.0	3.4	+0.2 0	58～65
20×12	20		12	0 −0.110	20		56～220	20			7.5	3.9		65～75
22×14	22		14		22		63～250	22			9.0	4.4		75～85
(24×16)	24	0 −0.052	16.2	0 −0.070	24	0.60～0.80	70～250	24	+0.149 +0.065	0.40～0.60	8.0	8.0	+0.1 0	80～90
25×14	25		14	0 −0.110	25		70～280	25			9.0	4.4		85～95
28×16	28		16	h11	25		80～320	28			10.0	5.4	+0.2 0	95～110
32×18	32	0 −0.062	18	0 −0.110	28		90～360	32	+0.180 +0.080		11.0	6.4		110～130

Oリング(o-ring)の注意点と表面粗さ

Oリングとは、液体や気体のシール材として使う断面が円形(O形)をしたパッキン(シール)のことである。Pシリーズ(運動用・固定用)とGシリーズ(固定用)、Vシリーズ(真空フランジ用)などがある。

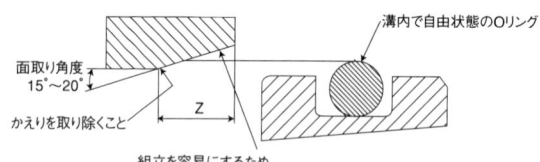

面取り角度 15°〜20°
かえりを取り除くこと
組立を容易にするためくつべらの役目をする面取り
溝内で自由状態のOリング

単位mm

Oリングの呼び番号	Oリングの大きさ	Z(最小)
P3〜P10	1.9±0.08	1.2
P10A〜P22	2.4±0.09	1.4
P22A〜P50	3.5±0.10	1.8
P48A〜P150	5.7±0.13	3.0
P150A〜P400	8.4±0.15	4.3
G25〜G145	3.1±0.10	1.7
G150〜G300	5.7±0.13	3.0
A0018G〜A0170G	1.80±0.08	1.1
B0140G〜B0387G	2.65±0.09	1.5
C0180G〜C2000G	3.55±0.10	1.8
D0400G〜D4000G	5.30±0.13	2.7
E1090G〜E6700G	7.00±0.15	3.6

運動用および固定用(円筒面)と固定用(平面)(JIS B 2406)溝部の表面粗さ

機器の部分	用途	圧力のかかり方		表面粗さ	
				Ra	(参考)Rz
溝の断面及び底面	固定用	脈動なし	平面	3.2	12.5
			円筒面	1.6	6.3
		脈動あり		1.6	6.3
	運動用	バックアップリングを使用する場合		1.6	6.3
		バックアップリングを使用しない場合		0.8	3.2
Oリングのシール部接触面	固定用	脈動なし		1.6	6.3
		脈動あり		0.8	3.2
	運動用	—		0.4	1.6
Oリングの装着用面とり部	—	—		3.2	12.5

表面粗さ

機器の部分		表面粗さ
シリンダ内径またはピストンロッド(パッキンが摺動する面)		最大0.4a
Oリング溝の径	運動用シール	最大0.8a
	固定用シール	最大1.6a
バックアップリングを使用しない場合のOリング溝側面	運動用シール	最大0.8a
	固定用シール	最大1.6a
バックアップリングを使用する場合のOリング溝側面		最大1.6a

軸受のはめあい(fit)選定基準

転がり軸受が少ないしめしろで軸に取り付けられ内輪に荷重を受けて回転すると、内輪と軸との間で円周方向の有害な滑りを生じることがある。

軸受のはめあい選定は、軸受にかかる荷重の方向と、内輪・外輪の回転状態とによって決められ、軸受荷重の性質、大きさ、温度条件、軸受の取付け・取外しなどの諸条件を考慮しなければいけない。また、振動が大きい使用箇所では、内輪、外輪をしまりばめにする。

荷重の方向	軸受の回転		荷重条件	はめあい	
	内輪	外輪		内輪	外輪
	回転	静止	外輪回転荷重 内輪静止荷重	すきまばめ	しまりばめ
	静止	回転			
	静止	回転	内輪回転荷重 外輪静止荷重	しまりばめ	すきまばめ
	回転	静止			
荷重の方向が確定できない、不つり合い荷重があるなど、荷重方向が一定しない場合	回転または停止	回転または停止	方向不定荷重	しまりばめ	しまりばめ

転がり軸受のはめあいと温度変化

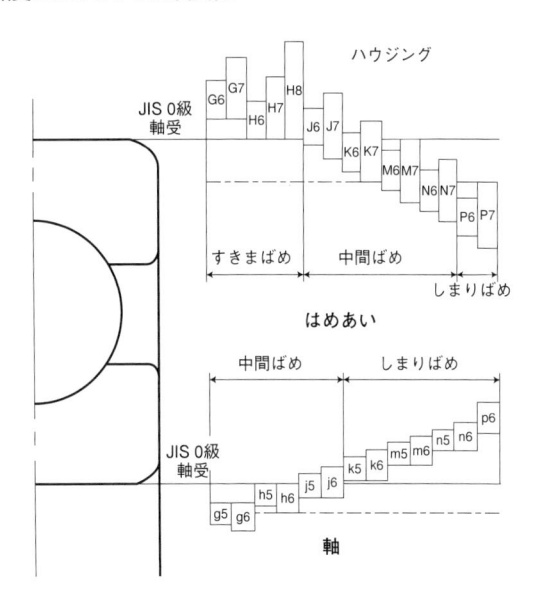

・軸受と軸及びハウジングとの温度差がある場合のしめしろの変化

軸受内輪のはめあい面のしめしろは、運転中における軸受の温度上昇によって減少する。この温度差による内輪のしめしろの減少量 Δd_T は次式で求められる。

$$\Delta d_T = 0.0015 \Delta T \times d \times 10^{-3}$$

ここで Δd_T: 温度差によるしめしろの減少量（mm）
　　　 ΔT: 軸受内部とハウジング周囲との温度差（℃）
　　　 α: 軸受鋼の線膨張係数 $\fallingdotseq 12.5 \times 10^{-6}$（1/℃）
　　　 d: 呼び軸受内径（mm）

軸受の荷重配分

> 軸を軸受で支えられた静的はりと考えて，軸系に作用する荷重を軸受に配分する。

　軸受Ⅰ及び軸受Ⅱにかかるラジアル荷重は、いずれの場合も次式によって求められる。
ただし、これらの場合が重なるときは、それぞれの場合のラジアル荷重を求め、荷重の方向に従って、そのベクトル和を計算する。

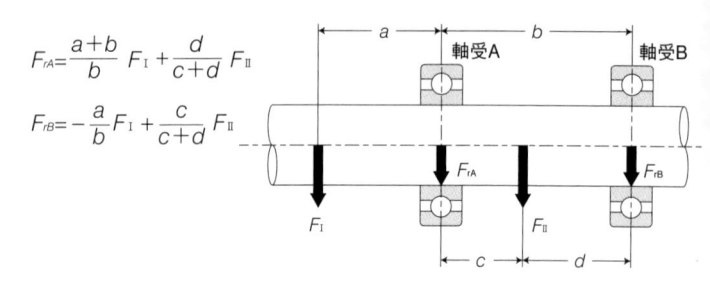

$$F_{rA} = \frac{a+b}{b} F_{\mathrm{I}} + \frac{d}{c+d} F_{\mathrm{II}}$$

$$F_{rB} = -\frac{a}{b} F_{\mathrm{I}} + \frac{c}{c+d} F_{\mathrm{II}}$$

F_{rA}： 軸受Aにかかるラジアル荷重（N）
F_{rB}： 軸受Bにかかるラジアル荷重（N）
$F_{\mathrm{I}}, F_{\mathrm{II}}$： 軸荷重（N）

転がり軸受の寿命(Longevity)

> 定格寿命とは、一群の同じ軸受を同じ条件で個々に運転したとき、そのうちの90％の軸受が転がり疲れによる材料の損傷（フレーキング）を起こさずに回転できる総回転数（または一定回転数での時間）をいう。

転がり軸受の基本定格寿命は、次式で表される。

玉軸受 $\quad L = \left(\dfrac{C}{P}\right)^3$

ころ軸受 $\quad L = \left(\dfrac{C}{P}\right)^{\frac{10}{3}}$

  L：基本定格寿命（10^6 rev.単位）
  P：軸受荷重（動等価荷重）(N), {kgf}
  C：基本動定格荷重 (N)

軸受が一定回転速度で使用される場合、軸受の疲れ寿命は時間で表わしたほうが便利であるため、自動車などでは一般に、総回転数で表わされる。
この場合は、疲れ寿命係数 f_h や速度係数 f_n として、別途検討する必要がある。

その他に、温度や信頼度によって基本定格寿命を補正すること。

基本動定格荷重
 転がり軸受の負荷能力を表わす基本動定格荷重とは、内輪を回転させ、外輪を静止させた条件で、定格疲れ寿命が100万回転（10^6 rev.）になるような、方向と大きさとが変動しない荷重をいう。

基本静定格荷重
 転がり軸受が過大な荷重を受けたり瞬間的に大きな衝撃荷重を受けると、転動体と軌道面との間に、局部的な永久変形を生じる。その変形量は、荷重が大きくなるに従って大きくなり、ある限度を超えると、軸受の円滑な回転を妨げるようになる。
 基本静定格荷重とは、最大応力を受けている転動体と軌道の接触部の中央において、次の計算上の接触応力を生じさせるような静荷重をいう。

自動調心玉軸受	4600 MPa	{469kgf/mm²}
その他の玉軸受	4200 MPa	{428kgf/mm²}
ころ軸受	4000 MPa	{408kgf/mm²}

平歯車（spur gear）・はすば歯車（Helical Gear）の基本公式

　平歯車とは、歯すじが軸に平行な直線である円筒歯車をいい、製作が容易であるため、動力伝達用に最も多く使われている。
　はすば歯車とは、歯すじがつるまき線である円筒歯車をいい、平歯車よりも噛みあい率が大きくなるため強度があり、静音化にも使われる。

標準平歯車の計算

項目	記号	計算式
モジュール	m	
基準圧力角	α	
歯　数	z	一方をz_1、他方をz_2とする
中心距離	a	$\dfrac{(z_1+z_2)m}{2}$
基準円直径	d	zm
基礎円直径	d_b	$d_0 \cos \alpha_0$
歯末のたけ	h_a	1.00m
歯　た　け	h	2.25m
歯先円直径	d_a	d_0+2m
歯底円直径	d_f	$d_0-2.5m$

転位はすば歯車の計算

項目	記号	計算式
歯直角モジュール	m_n	
歯直角圧力角	α_n	
基準円筒ねじれ角	β	
歯数(ねじれ方向)	z	
正面圧力角	α_t	$\tan^{-1}\left(\dfrac{\tan \alpha_n}{\cos \beta}\right)$
歯直角転位係数	x_n	
インボリュートα_{bs}	$\text{inv}\,\alpha_t{}'$	$2\tan \alpha_n\left(\dfrac{x_{n1}+x_{n2}}{z_1+z_2}\right)+\text{inv}\,\alpha_t$
正面かみあい圧力角	$\alpha_t{}'$	インボリュート関数表より
中心距離修正係数	y	$\dfrac{z_1+z_2}{2\cos \beta}\left(\dfrac{\cos \alpha_t}{\cos \alpha_t{}'}-1\right)$
中心距離	a	$\left(\dfrac{z_1+z_2}{2\cos \beta}+y\right)m_n$
基準円直径	d	$\dfrac{zm_n}{\cos \beta}$
基礎円直径	d_b	$d \cos \alpha_t$
かみあい部のピッチ円直径	d'	$\dfrac{d_b}{\cos \alpha_t{}'}$
歯末のたけ	h_{a1} h_{a2}	$(1+y-x_{n2})m_n$ $(1+y-x_{n1})m_n$
歯たけ	h	$\{2.25+y-(x_{n1}+x_{n2})\}m_n$
歯先円直径	d_a	$d+2h_a$
歯底円直径	d_f	d_a-2h

歯車のバックラッシ（backlash）

> バックラッシとは、一対の歯車をかみ合わせたときの歯面間の"遊び"をいう。測定する方向によって、円周方向バックラッシ、法線方向バックラッシ、中心距離方向バックラッシ、回転角度バックラッシなどに分類される。

単位 μm

正面モジュール	歯厚減少量	1.5以上3以下 0級	1.5以上3以下 5級	3を超え6以下 0級	3を超え6以下 5級	6を超え12以下 0級	6を超え12以下 5級	12を超え25以下 0級	12を超え25以下 5級	25を超え50以下 0級	25を超え50以下 5級	50を超え100以下 0級	50を超え100以下 5級	100を超え200以下 0級	100を超え200以下 5級	200を超え400以下 0級	200を超え400以下 5級	400を超え800以下 0級	400を超え800以下 5級	800を超え1600以下 0級	800を超え1600以下 5級	1600を超え3200以下 0級	1600を超え3200以下 5級
0.5	最小値	15		20		25		30		35		45		60		70							
0.5	最大値	40	70	50	90	60	110	70	130	90	170	100	200	140	250	180	320						
1	最小値			25		25		35		40		50		60		70		90					
1	最大値			60	100	70	120	80	150	100	180	120	220	150	270	180	300	230	410				
1.5	最小値					30		35		45		50		60		80		90					
1.5	最大値					80	140	90	160	110	190	130	230	160	280	190	350	240	420				
2	最小値							40		50		60		70		80		100		120			
2	最大値							100	180	120	210	140	250	170	300	200	360	240	440	300	540		
2.5	最小値							45		50		60		70		80		100		120			
2.5	最大値							110	190	120	220	150	260	170	310	210	380	250	450	310	550		
3	最小値									50		60		70		90		100		130		150	
3	最大値									130	240	150	280	180	340	220	390	260	470	310	570	380	690
3.5	最小値									60		60		80		90		110		130		160	
3.5	最大値									140	250	160	290	190	340	220	400	270	480	320	580	390	700
4	最小値											60		70		90		110		130		170	
4	最大値									150	270	170	310	200	360	230	420	280	500	330	590	400	720
5	最小値											70		90		100		120		140		170	
5	最大値											160	300	190	340	210	390	250	450	290	530	350	620	420	750
6	最小値											70		80		90		110		120		150		170
6	最大値											180	330	200	370	230	410	260	480	310	560	360	650	430	780
7	最小値													80		90		100		130		150		180
7	最大値													200	360	220	390	240	440	280	510	320	580	380	680	450	810
8	最小値													90		90		110		120		140		160		190
8	最大値													210	380	240	420	260	470	300	540	340	610	400	710	460	840
10	最小値															110		120		130		150		170		200
10	最大値															270	480	300	530	330	590	370	670	430	770	500	900
12	最小値																	120		140		160		180		210
12	最大値																	300	540	330	590	360	650	410	730	460	830	530	950
14	最小値																	130		140		160		180		200		210
14	最大値																	330	600	360	650	390	710	440	790	490	890	560	1010
16	最小値																			160		170		190		210		240
16	最大値																			390	710	420	760	470	850	530	950	590	1070
18	最小値																			170		180		200		220		250
18	最大値																			430	770	460	830	500	910	560	1000	630	1130
20	最小値																			180		200		210		240		260
20	最大値																			460	820	490	890	540	960	590	1060	660	1190
22	最小値																					210		230		250		280
22	最大値																					520	950	570	1020	620	1120	690	1250
25	最小値																					230		250		270		300
25	最大値																					570	1030	620	1110	670	1210	740	1330

バックラッシ計算式（旧JIS）

JIS等級	最小値	最大値
0	10W	25W
1		28W
2		31.5W
3		35.5W
4		40W
5		45W
6		50W
7		63W
8		90W

公差単位Wは、次式で表される。
$W = \sqrt[3]{d_0} + 0.65 m_s$ （μm）
d_0：ピッチ円直径 （mm）
m_s：正面モジュール （mm）
高速回転の最小値は12.5Wを使う。

コイルばね（coil spring）設計上の注意

> コイルばねとは、棒状の鋼をら旋状に巻いたものをいい、次の3種類に大別される。
> 圧縮ばね…端末部に応力集中がなく、最も産業機械などに用いられる。
> 引張りばね…初張力を有し、フック部に応力集中とたわみが発生する。
> ねじりばね…ばねの軸線上の周りにねじりモーメントを受ける。

圧縮ばね設計の注意点
・ばね指数 D/d は4〜20までの範囲とし、品質安定性の点から考えて8〜14の範囲にするのが望ましい。
・縦横比 H/D は0.8〜4以下にする。超えると胴曲がり（座屈）が発生するので、ガイド部材が必要。
・有効巻き数を3巻き以上にしないと、荷重が安定しない。
・有効巻き数が10巻きなどの整数巻きよりは10.5巻きのような半巻きの方が直角度を安定させ易い。

引張りばね設計の注意点
・荷重がある値を超えたところから所要のバネ作用を発揮する。この臨界値を初張力と呼ぶ。
・特に巻き数が10巻きより多い場合は、線径許容差により全長に誤差が生じる。
・フック径と体長部径は同一にするのが望ましい。
・引っ張りバネのたわみの範囲は、バネの体長部の2倍までが一般的である。

ねじりばね設計の注意点
・設計値と実際値の食い違いを小さくするため、巻き数を3巻き以上にするのが望ましい。
・ねじりバネは巻き込む方向に負荷が加わるように使用する。巻き戻す方向に負荷を加える場合はトルクが設計値より全般に小さくなる傾向があり、バネ内径側の引っ張り残留応力が加算され早期折損の要因となる。
・巻き込む方向にトルクを負荷するとコイル径は減少し巻き数は増加する。
・端末の腕を曲げる場合は出来るだけ大きな内R形状（素材径の2倍以上）にするのが望ましい。

コイルばねの基本公式

圧縮ばね：

$$k = \frac{P}{\delta} = \frac{Gd^4}{8NaD^3}$$

引張りばね：

$$k = \frac{P-P_1}{\delta} = \frac{Gd^4}{8NaD^3}$$

$$\tau = K\frac{8PD}{\pi d^3}$$

$$K = \frac{4c-1}{4c-4} + \frac{0.615}{c}$$

P：荷重（Kgf）（N）
G：横弾性係数（N/mm^2）
Na：有効巻数
δ：たわみ或いは伸び（mm）
d：線径（mm）
D：コイル径（mm）
Pi：初張力（N）←引張りばねのみ
k：ばね定数（N/mm）
τ：ねじり応力（N/mm）
c：ばね指数（$c=D/d$）
K：応力修正計数

※圧縮ばねの場合、Naは総巻数（全巻数）から両端の座巻数を引いた値である。

横弾性係数G

材料	G値　N/mm^2 {kgf/mm^2}
ばね鋼鋼材	78500 {8000}
硬鋼線	78500 {8000}
ピアノ線	78500 {8000}
オイルテンパー線	78500 {8000}
ステンレス鋼線　SUS 302	68500 {7000}
ステンレス鋼線　SUS 304	68500 {7000}
ステンレス鋼線　SUS 316	68500 {7000}
ステンレス鋼線　SUS 631 J1	73500 {7500}
黄銅線	39000 {4000}
洋白線	39000 {4000}
りん青銅線	42000 {4300}
ベリリウム銅線	44000 {4500}

コイルばねの固有振動数(natural frequency)

> 固有振動数とは、あらゆる物体がもっている固有値のことである。固有振動数に一致する振動数でその物体に振動を与えると共振現象が発生するという悪い特徴を持つ。

サージングを避けるために、ばねの固有振動数は、ばねに作用する加振源のすべての振動と共振するのを避けるように選ばなければならない。

ばねの固有振動数は、次式で与えられる。

$$f = a\sqrt{\frac{10^3 k}{M}} = a\frac{22.36d}{\pi N a D^2}\sqrt{\frac{G}{m}}$$

ここで、$a = \dfrac{i}{2}$: 両端自由 または固定の場合

$a = \dfrac{2i-1}{4}$: 一端固定で他端が自由の場合

$i = 1、2、3 \cdots$

$m \cdots$ 単位体積当たりの重量 (n/mm^3)

> サージング
> サージングとは、振動などによって金属コイルばねに起こる共振現象をいう。特に高周波域での防振性能の悪化につながる。
> サージングを避けるには、ばねの固有振動数を振動源の最大回転数の8倍程度以上にすることが望ましいとされている。

主な表面処理法(surface treatment)の原理と特徴

方法	原理と特徴	材料	備考
電気めっき	素材を陰極としてメッキ浴に浸せきし、直流電流によって素材表面に金属膜を電気析出させる。	素材は金属、プラスチック。(表面を無電解めっきで電導化して電気めっきする)	装飾用は1μm以下、防食用、工業用は1～数十μmなど、多くの場合、ピンホールが残されている。
溶融めっき	素材を溶融金属中に浸せきしてから引き上げ、溶融金属を凝固、被覆させる。	素材は主として鉄鋼材料。被覆金属としてはAl、Zn、Sn、Pbなど。	厚い被膜が可能。密着性、変形加工性は被覆層と素材の間に形成される合金層の性状による。
拡散めっき	素材表面層に金属元素を拡散浸透させる。処理温度(1000℃前後)が高いので、後熱処理を要す。	素材は主として鉄鋼材料、Fe基。被覆金属はAl、Cr、Siなど	合金層厚さは数十～数百μm。
蒸着めっき	物理蒸着法:真空蒸着、スパッタリング、イオンプレーティングなどによる被覆。 化学蒸着法:ガス化合物の分解による被覆。	素材は金属、セラミック、プラスチック。被覆材料は金属、セラミック。	物理蒸着法は一般に蒸着速度が低い。化学蒸着法では高温処理を免れない。
溶射	溶融状態に加熱した溶射材料の粉末または、粒子を素材表面に吹き付け、皮膜とする。溶射中の素材温度は200℃程度以下。	素材は金属、セラミック、プラスチック、その他。被覆材料は金属、セラミック、プラスチックあるいはそれらの混合物。	密着強さが比較的低い。皮膜に気孔がある。実用の皮膜厚さは0.6mm程度以上。
陽極酸化	硫酸やしゅう酸などの電解液中で素材を陽極として電解し、素材表面に酸化膜を形成する。	素材はAl及びその合金が主。他にMgなど。	酸化膜はち蜜層と多孔質層からなる。通常封孔処理を行う。密着性良好。着色可能。
浸炭	素材表面層に炭素を拡散浸透させる。処理温度は850～950℃。処理後焼き入れを行う。	素材はC含有量0.2%以下の鋼。(はだ焼鋼)	浸炭深さは0.5～5mm。硬さはHV700～850。処理及び処理後の焼き入れによる素材変形に注意。
窒化	素材表面層に窒素を拡散浸透させる。処理温度は475～580℃。処理前に熱処理と機械加工が行える。	素材はガス窒化では窒化鋼(Cr、Mo、Alなどを含有)イオン窒化ではほとんどの鋼種。	窒化深さは0.9mm以下。硬さはHV600～1150。素材の変形が小さい。
浸炭窒化	浸炭と同時に窒化を行う。処理温度は700～900℃。処理後焼き入れを行う。	素材は浸炭の場合と同じ。炭素鋼にも適用できる。	浸炭窒化深さは1mm以下。硬さはHV800程度。
浸硫	素材表面層に硫黄を拡散浸透させる。処理温度は400～600℃。	素材は鋼材。鋼種を問わない。	硫化鉄皮膜の厚さは0.2μmで摩擦係数が低下。
浸硫窒化	浸硫と同時に窒化を行う。処理温度は560～570℃。	素材は窒化の場合と同じ。	浸硫窒化深さは0.1～0.5mm。
高周波焼き入れ	素材表面を高周波誘導電流によって急熱一急冷して焼き入れる。	素材は鉄鋼材料。特に中炭素鋼、合金鋼、鋳鍛造品など。	硬化層の厚さは0.4～5mm。作業時間が短い。素材の変形が小さい。
プラスチックライニング	シートライニング法、溶射法、塗布法などによって素材表面を被覆する。	被覆材料はポリエチレン、塩化ビニル、フッ素樹脂、ゴムなど。	厚い皮膜が可能。1mm以上のこともある。
セラミックコーティング	蒸着法、溶射法、焼き付け法などによって素材表面を被覆する。	被覆材料としてはガラス質セラミック(ほうろう)、各種セラミック。	密着性があまり良くない。加熱冷却の繰り返しで、皮膜にき裂を生ずることがある。

Chapter 8

海外対応の基礎

ヨーロッパの地図
北米の地図
アジアの地図
世界の時差
英語表現の基本

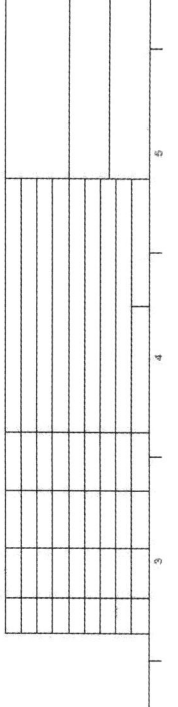

ヨーロッパ（Europe）の地図

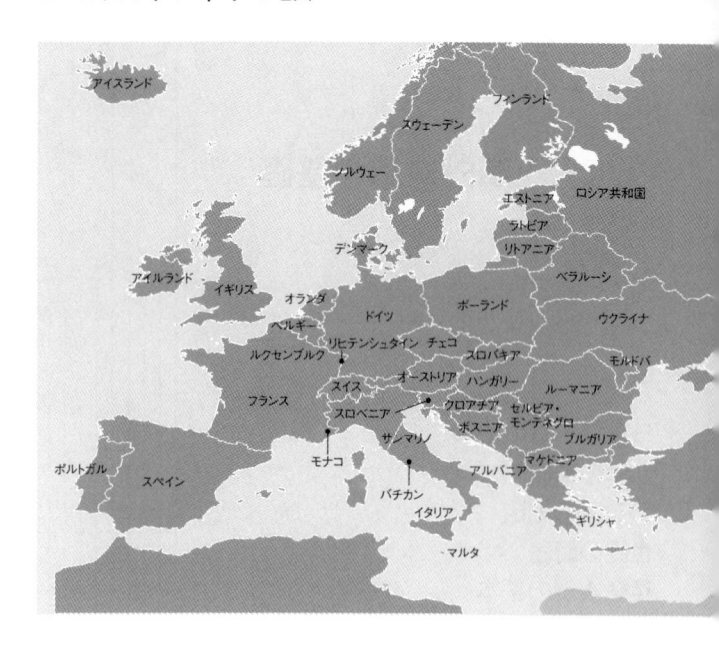

北米（North America）の地図

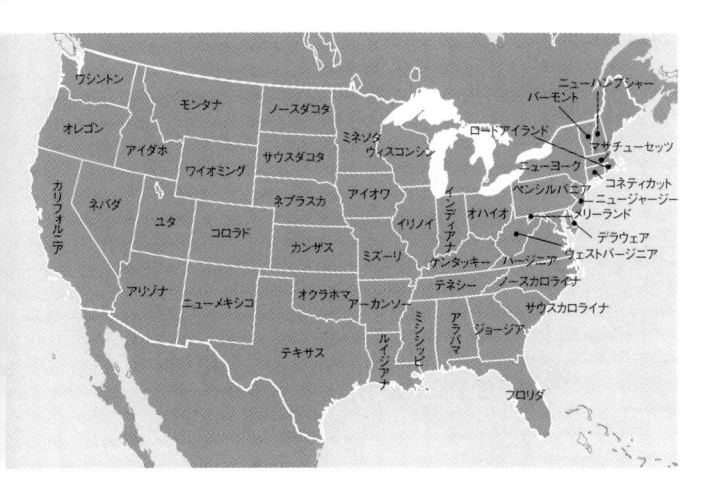

アジア(Asia)の地図

世界の時差 (Time Difference)

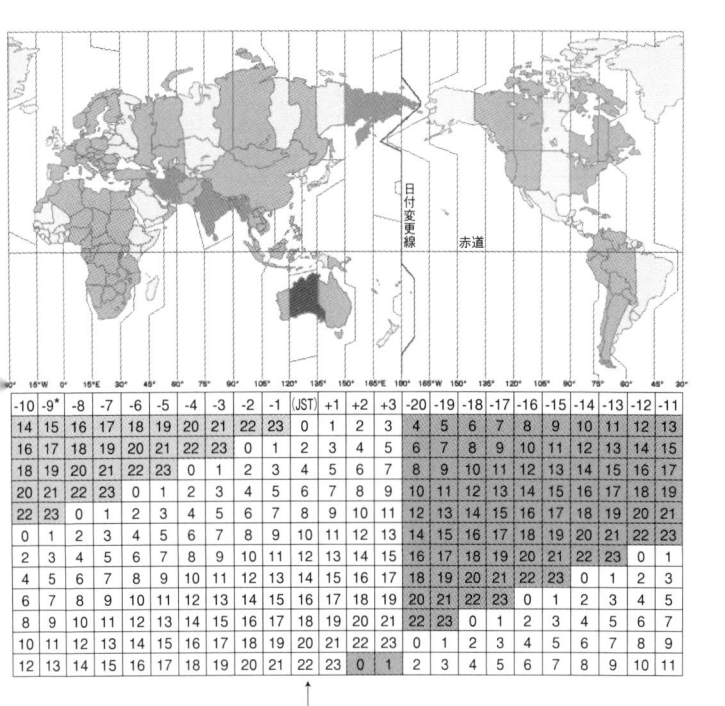

-10	-9*	-8	-7	-6	-5	-4	-3	-2	-1	(JST)	+1	+2	+3	-20	-19	-18	-17	-16	-15	-14	-13	-12	-11
14	15	16	17	18	19	20	21	22	23	0	1	2	3	4	5	6	7	8	9	10	11	12	13
16	17	18	19	20	21	22	23	0	1	2	3	4	5	6	7	8	9	10	11	12	13	14	15
18	19	20	21	22	23	0	1	2	3	4	5	6	7	8	9	10	11	12	13	14	15	16	17
20	21	22	23	0	1	2	3	4	5	6	7	8	9	10	11	12	13	14	15	16	17	18	19
22	23	0	1	2	3	4	5	6	7	8	9	10	11	12	13	14	15	16	17	18	19	20	21
0	1	2	3	4	5	6	7	8	9	10	11	12	13	14	15	16	17	18	19	20	21	22	23
2	3	4	5	6	7	8	9	10	11	12	13	14	15	16	17	18	19	20	21	22	23	0	1
4	5	6	7	8	9	10	11	12	13	14	15	16	17	18	19	20	21	22	23	0	1	2	3
6	7	8	9	10	11	12	13	14	15	16	17	18	19	20	21	22	23	0	1	2	3	4	5
8	9	10	11	12	13	14	15	16	17	18	19	20	21	22	23	0	1	2	3	4	5	6	7
10	11	12	13	14	15	16	17	18	19	20	21	22	23	0	1	2	3	4	5	6	7	8	9
12	13	14	15	16	17	18	19	20	21	22	23	0	1	2	3	4	5	6	7	8	9	10	11

↑
日本標準時

注1) 表内の-9*は、グリニッジ標準時を表す。
注2) 表内の　　　部分は日本標準時に対し前日、　　　部分は翌日となる。
注3) 時差の+記号は日本より早く、-記号は日本より遅い時間を表す。
注4) アメリカ、カナダ、ヨーロッパ諸国などでは、サマータイムを導入。
　　　夏季に1時間早まるので注意。

英語表現（English expression）の基本

月

January	February	March	April
May	June	July	August
September	October	November	December

曜日

Sunday	Monday	Tuesday	Wednesday
Thursday	Friday	Saturday	

数字

1,000	10,000	100,000	1,000,000	10,000,000
a thousand	ten thousand	a hundred thousand	a million	ten million

序数

first	second	third	fourth
fifth	sixth	seventh	eighth
ninth	tenth	eleventh	twelfth
thirteenth	fourteenth	fifteenth	sixteenth
seventeenth	eighteenth	nineteenth	twentieth
twentieth-first	twentieth-second	thirtieth-first	thirtieth-second

数式

10^2	10^3	X^n	$1/2$
ten squared	ten cubed	x to the n	one half
$3\frac{3}{4}$	$\sqrt{2}$		$\sqrt[3]{28}$
three and three fourths	the (square) root of two		the cubic root of twenty-eight

形状

点 dot	線 line	破線 dashed line
一点鎖線 long dashed short dashed line		三角形 triangle
正方形 square	長方形 rectangle	五角形 pentagon
六角形 hexagon	七角形 heptagon	八角形 octagon
九角形 nonagon	十角形 decagon	楕円 oval

役職

会長	社長	副社長	専務
Chairman of Board	President	Executive Vice President	Senior Managing Director
常務	部長	設計部長	大阪支店長
Managing Director	General Manager	General Manager, Design Department	Osaka Branch manager

技術文書

研究論文	購入仕様書	製品仕様書
Research Papers	Purchase Specification	Product Specification
図面	結合マニュアル	操作マニュアル
Drawings	Integration manual	Operator manual
サービスマニュアル	部品リスト	スペアパーツリスト
Service manual	BOM： Bill of Material	Spare parts list
エラー時操作リスト	予防保守の手順書	
Error required action list	Preventive maintenance procedures	
配線図	回路図	故障修理の手順書
Wiring diagrams	Schematics	Troubleshooting procedures

国名

アメリカ	アラブ首長国連邦	イギリス	イスラエル
United States	United Arab Emirates	United Kingdom	Israel
イタリア	インド	インドネシア	エジプト
Italy	India	Indonesia	Egypt
オーストラリア	オランダ	韓国	ギリシャ
Australia	Netherlands	South Korea	Greece
ケニア	サウジアラビア	シンガポール	スイス
Kenya	Saudi Arabia	Singapore	Switzerland
スウェーデン	スペイン	タイ	台湾
Sweden	Spain	Thailand	Taiwan
中国	ドイツ	トルコ	フィリピン
China	Germany	Turkey	Philippines
ブラジル	フランス	ベルギー	ポルトガル
Brazil	France	Belgium	Portugal
香港	南アフリカ	メキシコ	ロシア
Hong Kong	South Africa	Mexico	Russia

【参考文献】

1. JISハンドブック機械要素2007
2. JISハンドブック機械要素2005
3. JISにもとづく機械設計製図便覧　大西清（理工学社）
4. 機械設計演習　岩浪繁蔵（産業図書）
5. 絵とき機械工学のやさしい知識　小町弘・吉田裕亮（オーム社）
6. 物理計算の考え方解き方　大場一郎（文英堂）
7. 日経メカニカル　デザインAtoZ
8. KHK小原歯車カタログ
9. NSK日本精工カタログ

「以下の頁は、社内規格や製品仕様など固有技術を記入する＜メモ＞コーナーです。メモするだけではなく、必要なデータを貼り付けるなど、手帳のメモ帳として、各自で工夫してご使用下さい。」

● 著者紹介

山田　学（やまだ　まなぶ）
　S38年生まれ、兵庫県出身。㈱ラブノーツ代表取締役
　カヤバ工業㈱（現、KYB㈱）自動車技術研究所にて電動パワーステアリングとその応用製品（電動後輪操舵E-HICASなど）の研究開発に従事。
　グローリー工業㈱（現、グローリー㈱）設計部にて銀行向け紙幣処理機の設計や、設計の立場で海外展開製品における品質保証活動に従事。
　平成18年4月　技術者教育を専門とする六自由度技術士事務所として独立。
　平成19年4月　技術者教育を支援するため㈱ラブノーツ設立。(http://www.labnotes.jp/)
　著書として、『図面って、どない描くねん！』、『設計の英語って、どない使うねん！』、『図面って、どない描くねん！LEVEL2』、共著として『CADって、どない使うねん！』（山田学・一色桂著）、『技術士第一次試験「機械部門」専門科目　過去問題　解答と解説（第2版）』、『技術士第二次試験「機械部門」完全対策＆キーワード100』（Net-P.E.Jp編著）などがある。

めっちゃ使える！機械便利帳
すぐに調べる設計者の宝物

NDC 531.9

2006年10月30日	初版1刷発行
2025年3月14日	初版21刷発行

　Ⓒ編著者　山田　学
　　発行者　井水治博
　　発行所　日刊工業新聞社
　　　　　　東京都中央区日本橋小網町14番1号
　　　　　　（郵便番号103-8548）

　書籍編集部　電話03-5644-7490
　販売・管理部　電話03-5644-7403
　　　　　　　　FAX03-5644-7400
　URL　https://pub.nikkan.co.jp/
　e-mail　info_shuppan@nikkan.tech
　振替口座　00190-2-186076
　本文デザイン・DTP──新日本印刷㈱
　印刷・製本──新日本印刷㈱

定価はカバーに表示してあります
落丁・乱丁本はお取り替えいたします。
2006 Printed in Japan
ISBN　978-4-526-05758-8　C3053

本書の無断複写は、著作権法上の例外を除き、禁じられています。